U0202062

建築春秋

JIANZHU CHUNQIU

西北工业大学
校史建筑及校园变迁

XIBEI GONGYE DAXUE
XIAOSHI JIANZHU JI XIAOYUAN BIANQIAN

《建筑春秋》编写组　编著

西北工業大學出版社
西　安

图书在版编目（CIP）数据

建筑春秋：西北工业大学校史建筑及校园变迁 /《建筑春秋》编写组编著 . — 西安：西北工业大学出版社，2019.12

ISBN 978-7-5612-6963-3

Ⅰ.①建… Ⅱ.①建… Ⅲ.①西北工业大学 - 教育建筑 - 建筑史 - 研究 Ⅳ.① TU244

中国版本图书馆 CIP 数据核字 (2019) 第 292186 号

建筑春秋——西北工业大学校史建筑及校园变迁

JIANZHU CHUNQIU—XIBEI GONGYE DAXUE XIAOSHI JIANZHU JI XIAOYUAN BIANQIAN

《建筑春秋》编写组　编著

责任编辑： 隋秀娟　　**策划编辑：** 唐小林
责任校对： 何格夫　　**装帧设计：** 辛梦东
出版发行： 西北工业大学出版社
通信地址： 西安市友谊西路 127 号　邮编：710072
电　　话：（029）88491757，88493844
网　　址： www.nwpup.com
印 刷 者： 陕西龙山海天艺术印务有限公司
开　　本： 889 mm × 1194 mm　1/16
印　　张： 17.5
字　　数： 286 千字
版　　次： 2019 年 12 月第 1 版　2019 年 12 月第 1 次印刷
书　　号： ISBN 978-7-5612-6963-3
定　　价： 168.00 元

《建筑春秋》编写组

主　　编　高大力

副 主 编　杨卫丽　郭友军

编　　者　高大力　杨卫丽　郭友军　李　静　陈　新　刘京华　吴　农　毕景龙　黄　珊　周　岚　刘延安　胡　秦　陆佩华　卢　迪

摄　　影　郭友军　卢　迪　高大力

学生团队　范　兵　樊瑞祎　李　潮　夏艳红　陈娜妮　杨招财　王　颖

封面题字　周红艺

前言

西北工业大学脉源三支、强强融合，由诞生于抗战烽火中的国立西北工学院、汇聚了新中国航空教育科技力量的华东航空学院和“哈军工”空军工程系共同组成。在80年的办学历程中，学校形成了“公诚勇毅”校训和“三实一新”校风，为国防科技事业发展和国民经济建设输送了33万余名毕业生，在航空、航天、航海等领域涌现出一大批型号总师、行业精英、创新创业典型等杰出人才，被誉为“总师摇篮”。

众所周知，大学校园是人才培养的重要环境，校园建筑是大学文化凝练与沉淀的载体。在西工大发展的不同历史阶段，校园几经变迁，形成了独有的特色与布局，很多经典建筑见证了学校发展，承载了西工大人的精神与记忆，其本身也已经成为历史文物，具有极高的研究价值。

2018年，西北工业大学迎来80年华诞，我们组织专门队伍对大学校园和建筑进行了深入研究和挖掘，将研究的成果结集出版，定名《建筑春秋——西北工业大学校史建筑及校园变迁》。该书是对过去校园及建筑的历史研究，同时也是弘扬西工大悠久历史文化的重要载体。该书也将成为一份献给西北工业大学的礼物，唤起众多校友的亲切回忆。

由于能力所限，书中难免有不准确或疏漏的地方，欢迎广大读者批评指正。

《建筑春秋》编写组

2018年12月

目录

国立西北工学院旧址——陕西城固·古路坝

华东航空学院旧址——南京·卫岗

哈尔滨军事工程学院旧址——哈尔滨·南岗

西北工业大学友谊校区

西北工业大学长安校区

第一章 校园建筑

一　抗战烽火古路坝

“古路坝：抗战烽火中的教育圣地”，这是2013年1月18日94岁高龄的师昌绪先生为古路坝所写的题词，可以说是对国立西北工学院（简称“西工院”）师生在古路坝弦歌不辍、兴学报国这段历史的高度评价。

1938年正处抗日战争（简称“抗战”）时期，为了应对时局，保存和发展民族文化血脉，肩负特殊使命的两所临时大学——西北联合大学和西南联合大学共同奏响了坚守文化命脉、壮大教育力量的千秋弦歌，同时拉开了“文化长征”的序幕。以西北工学院为代表的一批学校，扎根西部，坚持“艰苦卓绝，艰难奋斗”的精神，培养了一大批杰出人才，星火燎原，成为中国教育史上的一段佳话。以古路坝为精神象征的国立西北工学院奠定了中国西北高等教育的基础，对推动中国工科教育的发展影响深远。作为西北工业大学（简称“西工大”）脉源三支中的重要力量，其对学校的建设与发展同样发挥了重要的作用。

师生越过秦岭迁往汉中古路坝

古路坝，位于陕西省汉中市城固县城南 12 公里处董家营古路坝村，是抗战时期全国著名的“教育三坝”之一（其他两个为成都华西坝和重庆沙坪坝），同时因为条件艰苦而被称作三坝中的“地狱”。1938 年 7 月 27 日，国民政府教育部长陈立夫发布训令，令北洋工学院、北平大学工学院、东北大学工学院和私立焦作工学院合并成立国立西北工学院，将校址设在城固县古路坝天主教堂内。国立西北工学院在汉中古路坝办学时的校园——意大利天主教堂，现存主教公馆和修女院（现已倒塌）。国立西北工学院就在此艰苦办学，科教报国，培养了大批国之栋梁。

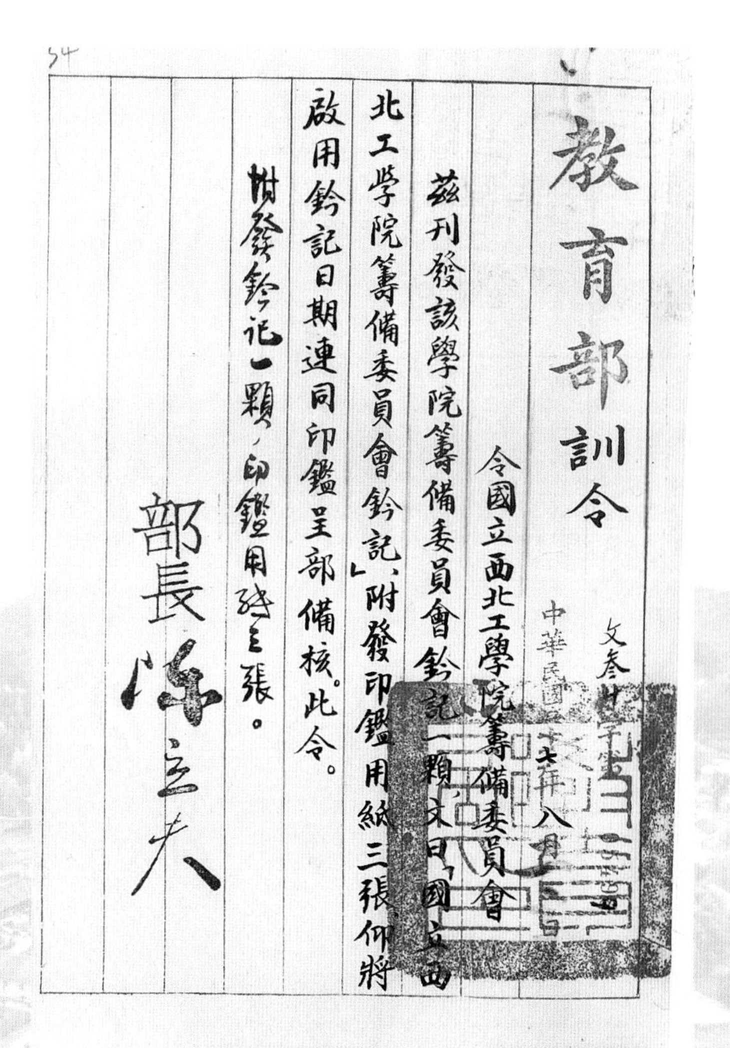

教育部訓令

文叁廿字第 [illegible] 號

中華民國二十七年八月 [illegible]

令國立西北工學院籌備委員會

茲刊發該學院籌備委員會鈐記一顆，文曰「國立西北工學院籌備委員會鈐記」，附發印鑑用紙三張，仰將啟用鈐記日期連同印鑑呈部備核。此令。

計發鈐記一顆，印鑑用紙三張。

部長 陳立夫

启用“国立西北工学院筹备委员会钤记”函件

1. 国立西北工学院古路坝校区平面图

中华民国 30 年（1941 年），绘制了一幅国立西北工学院陕西城固古路坝平面图。那时，当地的天主教堂是西北五省最大的天主教堂，建筑特色是中西合璧，拥有 505 间房舍，国立西北工学院借助一角开始了艰苦的办学。根据《西北工业大学校史》记载，“……先借用教堂东北部的修女院和老汉院为校舍，教堂前空地为体育场，后又将其余两百余间房屋全部借用。同时在教堂附近加紧施工，新建教职工住宅 25 间，学生宿舍 70 间，食堂 1 处，添凿水井 1 眼……”

国立西北工学院陕西城固古路坝平面图

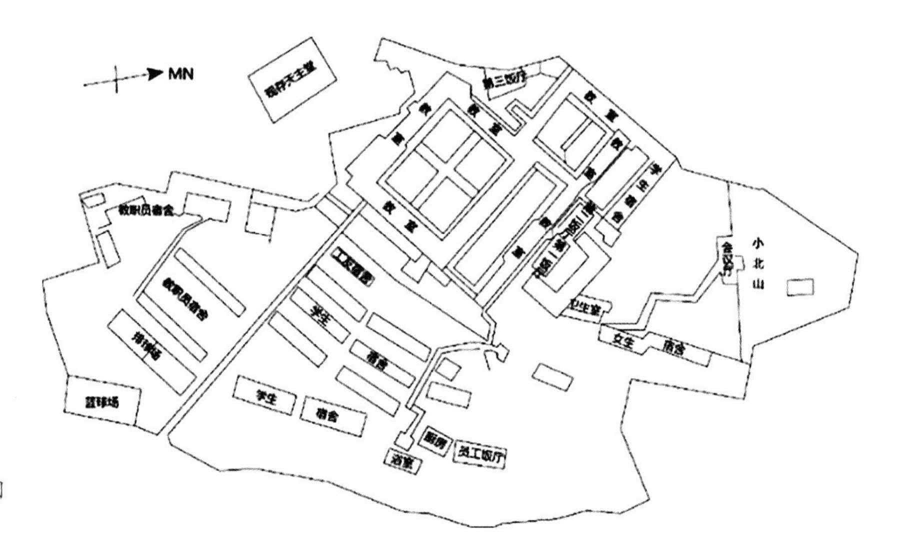

国立西北工学院陕西城固古路坝平面图（重绘）

从国立西北工学院古路坝平面图中可以清晰辨别出已经拆毁的大教堂和目前保存最为完整的回字型主教公馆，其中主教公馆都作为教室使用，还有开辟的篮球场、排球场等体育场地，有三个饭厅，一个会议厅，以及学生和教工宿舍等，而并未看到位于主教公馆东北侧50米左右的另一座建筑群——修女院。

虽然条件简陋，但当时的古路坝校园还是进行了细致的规划，大致划分为四大功能区，并且考虑了各分区之间的相互联系。由于这里处于山区，地势高低起落，作为核心功能的教学区位于天主教堂、主教公馆内，地势较高，学生生活区、教师生活区和运动区如众星捧月般围绕在教学区的周围。回望那段艰苦岁月，每当夜幕降临，高处的教室里灯火闪耀，同学们抬头仰望，这象征着中国教育的不灭灯火必将燎原。

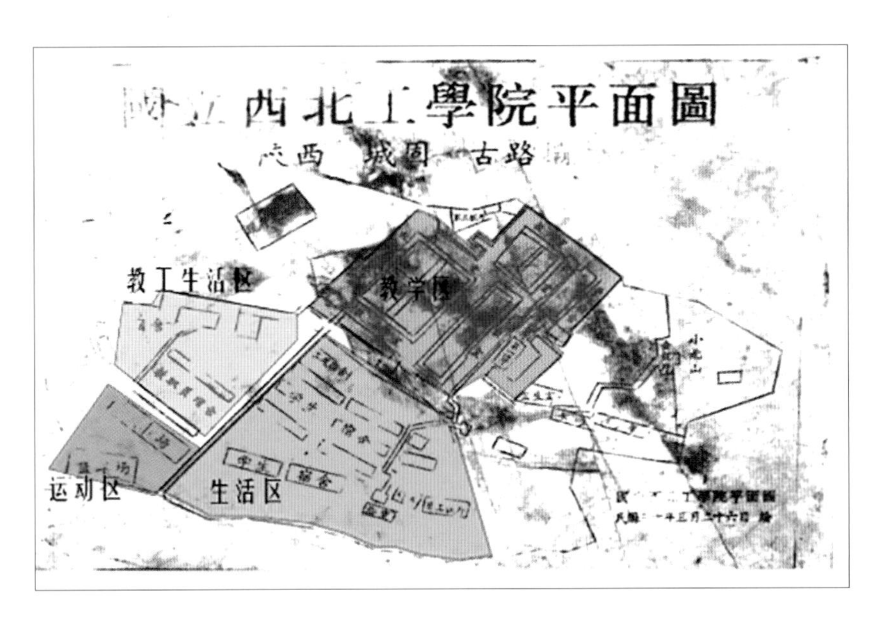

国立西北工学院陕西城固古路坝
校区规划功能示意图

古路坝也可以称之为名副其实的“山水田园型”校园，这里的春天是最美丽的季节。金灿灿的油菜花遍布山野，路旁养蜂人家户户毗连。进山后处处可见北方农村难得一睹的水田、水牛，满山的油菜花、野菊花、槐花竞相开放，一派山清水秀的江南水乡景色，令人心旷神怡，也为深处抗战烽火中的莘莘学子提供了一处难得的求学之所，给他们提供庇护，为他们提供养分。

巍峨矗立的秦岭终南山拱卫着如今的西工大学子，正如同 80 多年前不远处的巴山山脉默默守护着古路坝的灯火，这是怎样的一种薪火相传！

古路坝校景

古路坝校址教堂一角

古路坝时期图书馆

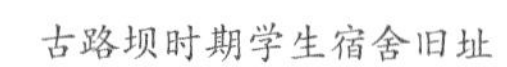

古路坝时期学生宿舍旧址

2. 修女院

修女院是位于主教公馆东北侧 50 米处的另一座建筑群，后在 2008 年汶川大地震中严重破损。叶心适和刘林西的文章《古路坝旧事》中提到，这里曾是国立西北工学院的教务处、各系主任办公室、学生上课的教室和图书馆。从现存的残垣断壁来看，修女院为砖木结构，灰瓦房面，有脊兽，楼阁式回字封闭建筑，门、窗均为下方上圆西洋式，石条压沿，内铺方砖，共 48 间房舍。

古路坝航拍（中间的回字型院落为主教公馆，右上边 50 米处为修女院）

修女院大门

修女院内部（一）

修女院内部（二）

修女院内部（三）

3. 主教公馆

现存的主教公馆建于清光绪十五年至二十一年（1889—1895 年），是目前保存最为完整的建筑群。从“国立西北工学院陕西城固古路坝平面图”中可以看出，此处建筑群被当作学校教室使用，可以说是西工大的第一代教室了。

该建筑群坐北朝南，平面布局为封闭的回字型四合院，院落内一圈回廊环绕。单体建筑均采用中国南方传统建筑样式，入口处的门楼为重檐两滴水，四角起翘。院落北侧的正殿有五开间，高大宏畅，为增加气势，墙腰外加悬山檐，从正面看如同重檐歇山顶，视觉上仿佛二层，背面则为单面坡顶，左右两侧各有十三间厢房。

建筑为砖木结构，采用抬梁式屋架，木柱埋于砖墙之间，墙体不承重，上覆以小灰瓦。窗沿、窗边用石材或青砖雕镶，浮雕为花卉人物、传说故事等。建筑整体有一圈内廊，廊边施以石条，地面镶铺方青砖，内廊梁枋、吊顶上均有大量精美彩画，以风景和故事场景为主题，可惜已大面积剥落。另外，在柱础、地下室的拱券等建筑细部处理上表现出受西方建筑文化的影响。

院内空间由对称的十字交叉的两条道路将花园分割为四块，在平面上形成十字架的形状。在靠近大殿一侧有楼梯下到半地下室，正殿比室外地坪抬高了约 1.6 米，地下室位于正殿下方，地下室墙面开高窗，内部采用石砌拱券和墙体共同承重，现作为仓库使用。

主教公馆正殿老照片（《世纪回眸——意大利神父南怀谦清末民初中国写真》，澳门艺术博物馆，2001 年版）

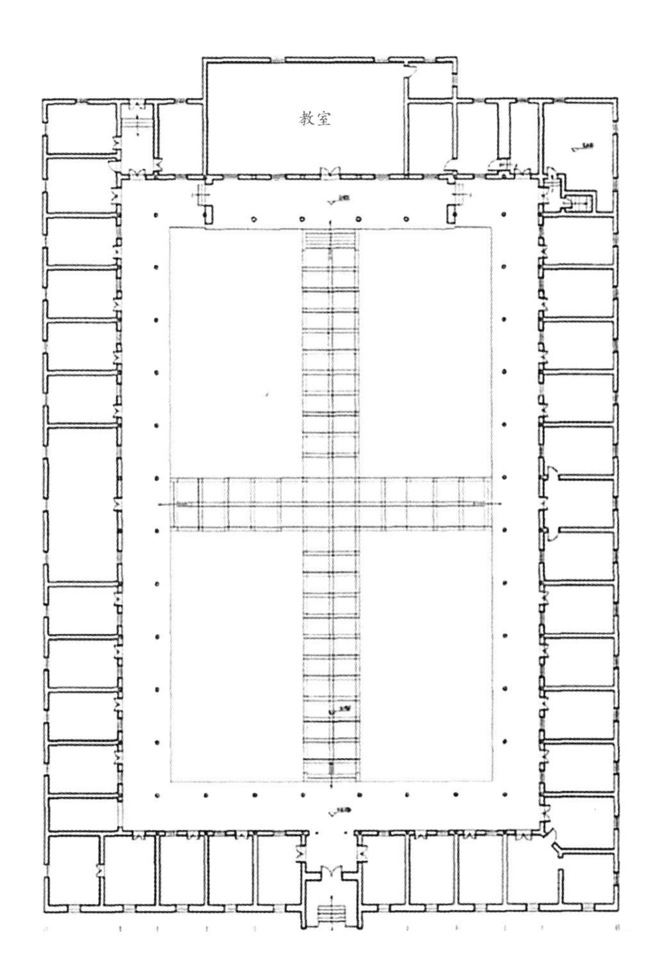

主教公馆平面图

主教公馆内庭院

4. 七星寺

国立西北工学院七星寺校园

由于办学条件紧张，国立西北工学院一年级迁至七星寺办学，教室和图书馆座位有限，师生只能轮流使用，秉烛夜读。七星寺整夜灯火通明，这独有景致被称为“七星灯火”。就是在这种极端艰苦的条件下，国立西北工学院的学生连续三年考取公费留学的人数在当时的全国各大学中排名第一，为国家培养了一批国之栋梁。

七星寺原来是祭祀紫微大帝真武祖师的神庙，位于汉博望侯张骞故里——城固县博望乡，距离县城 4 千米，地处汉中平原，南仰巴山，北依秦岭。七星寺原有房屋正殿 1 座，配殿 4 座，僧房 10 余间，后有大殿 2 座。根据黄迪民在《回望古路坝岁月》中的记载：“……1940 年后，由于学生班次和人数的增加，古路坝教学设施紧张，从 10 月起国立西北工学院又在城固县城附近的七星寺设立了一年级分院，扩建学生宿舍 50 余间，工厂 10 余间，教堂 8 间，礼堂 1 座，以及洗漱室、厨房等，专供一年级新生和先修班学生使用……”因为建筑费有限，暂时无力兴建分院教职员宿舍，分院教职员便借住在附近村庄民房中。何忆文的《回忆西北办学的苦与乐》中写道：“每当夜晚，北斗七星光弱，而烛光映天，通宵达旦，秉烛夜读，成为西北大地上的夜明珠，堪称奇景。”这也就是人们所说的“七星灯火”。

根据郝育森在《在西北工学院求学》中的描述，以及一张当时绘制的“国立西北工学院七星寺分院地形图”，大致可以判读当时的建筑布局。

国立西北工学院七星寺分院地形图

“……（七星）寺坐北向南，有东、西两个院子，均为砖墙瓦顶。西院为两进的四合院，作为办公室、图书馆、女生宿舍、教授宿舍之用。东院也是四合院，作为实验室使用。东、西院之间其后面为一大广场，广场东面坐东向西为一排教室，西面为礼堂兼饭厅。再向北可以说是后院，坐北向南有四排教室及宿舍。后面为风雨操场，足球场、篮球场、排球场、棒球场、网球场，木马、单杠、双杠俱全。东、西两院之间有大道，在其尽头，即操场最南面设立讲台，台上设升旗高杆。前后院之间矗立着‘尊

师重道'的巨幅木质标语牌，它的旁边又有小的标语牌'抬起头来，挺起胸膛，竖起脊梁'。新建房舍都是木质珩柱，纸窗茅顶。院外东、西两面各有小溪，一条自北向南流入汉江。东溪上架桥跨溪与土丘相连，丘上建有毛亭，桥亭括槛，均用天然木料，不加斫饰，颇有野趣……"

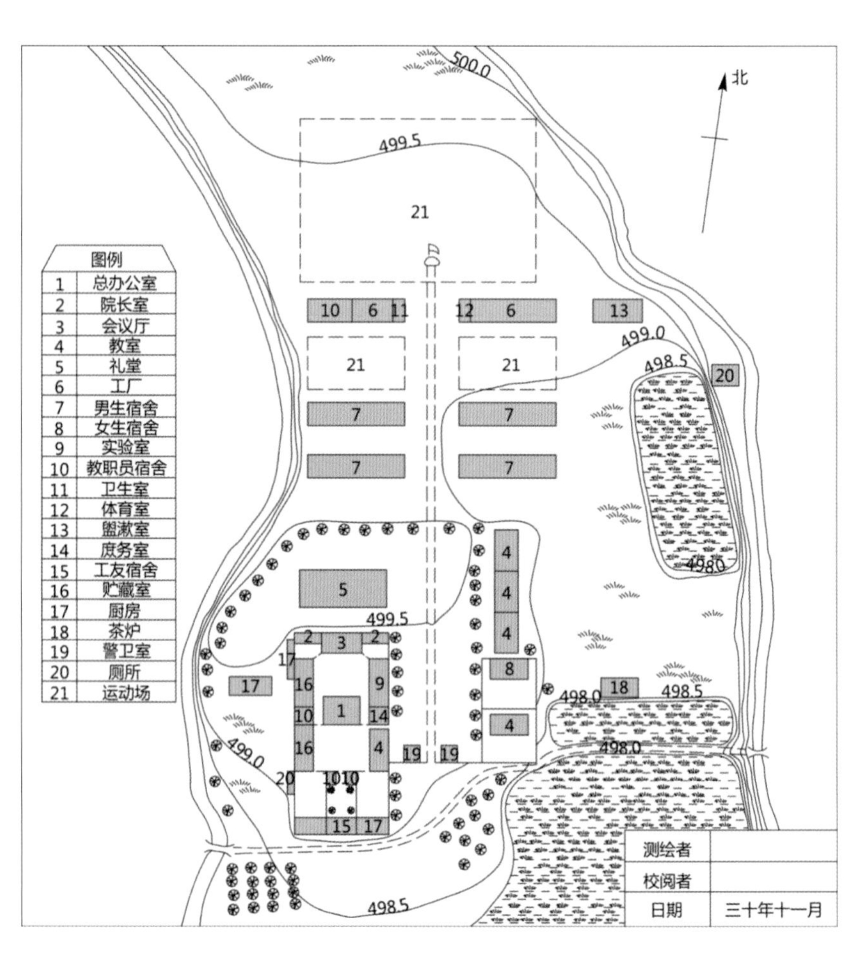

国立西北工学院七星寺分院平面图

1940 年国立西北工学院学生社团文艺学习社部分社友合影

师昌绪先生曾经回忆：“（学校）附近多属贫苦教民，以务农为生，是落后的贫苦地区。……（青年学子）吃的是红稻米稠粥，住的是十几个人一间的干打垒宿舍，除了读书之外几乎没有任何娱乐，是三坝中条件最艰苦的一个。尽管条件艰苦，国立西北工学院一年级的课程很多，（教师）对学生要求十分严格，在考试前从不限范围，甚至是突然袭击，完全出于平等竞争。所以学生虽然日以继夜地在攻读，考试完毕后，总有几名不及格的，一年结业时有三分之一左右被淘汰，不是留级，就是勒令退学。”

1944 年 11 月西北工学院康乐队在古路坝合影

师昌绪先生

著名材料科学家、战略科学家师昌绪院士是1941年入校的西北工学院学生。据他回忆：他与曾任清华大学校长的高景德院士当时住同一间宿舍，可是他们很少在宿舍见面。因为高景德经常在半夜才从教室归来，而他那时正在酣睡；等他两三点起床去教室学习，高景德已经休息了。他们尽管同吃、同住，但在一起聊天的时间却不多。只有到了二三年级，高景德进入电机系电力组，他选的是矿冶系冶金组，有些共同课程一起上课时，两人才有更多的接触机会。两位老先生之间七星灯火的故事被传为佳话。

师昌绪回母校

那时学生分两批，一批学到凌晨两点，另一批从两点学到清晨，师昌绪就属于后一批学生。开夜车的学生前后连接起来，教室的烛光彻夜不眠，被后人称为“坝上长夜 七星灯火”。

这七星灯火代表着中国高等教育的希望之火，它生生不息，薪火传承！师昌绪先生曾回忆道：“这灯火教会了我如何做人，那就是要海纳百川，贵在诚信；让我学会如何做事，那就是认真负责，贵在坚持；让我学会如何做学问，那就是实事求是，贵在探索！”

在七星灯火的照耀下，八年办学期间，国立西北工学院培养出一批工程教育和科技领域的巨匠，诞生了15位“两院”院士，他们为我国国防和经济建设以及高等教育事业做出了突出的贡献！

国立西北工学院旧址

国立西北工学院旧址纪念碑揭幕

西北工业大学学生在纪念碑前讲述“古路灯火，薪火相传”的故事

二　渭水泱泱西工院

在咸阳渭水河畔，有一座西藏民族大学，校园宽阔整洁，绿树成荫，这就是1946年国立西北工学院复校咸阳的办学旧址。目前还有很多老建筑存在，尤以第一教学大楼为珍贵。1957年，西北工学院搬迁到西安。1958年，国家将学院旧址拨给刚成立的西藏公学。

据陶秉礼主编的《西北工业大学校史》记载，抗日战争胜利后的1946年1月，西北工学院迁校委员会成立。经过数月的奔走，最后商定校本部设在咸阳（现咸阳市文汇东路6号，西藏民族大学），为二、三、四年级所在地；另在西安早慈巷公字1号，省立第一中学南院一部分设置本校的分院（现西安市莲湖区早慈巷24号，西安实验职业中等专业学校），为一年级及先修班所在地。教师所分到的房屋远远不足，职员在外租旅馆居住，条件十分艰苦。1949年2月，胡宗南接国民政府教育部令，要求陕西高校迁到四川为宜，由于国立西北工学院师生强烈反对而终止。

西安与咸阳相继解放后，1949年8月底，西安分院全部师生迁至咸阳总院，1950年12月后校名从“国立西北工学院”改为“西北工学院”。

西北工学院师生欢庆解放

咸阳总校的校园由两部分组成：一部分是国民政府资源委员会咸阳酒精厂借给学校房屋300间及厂西土地300余亩，另一部分是财政部盐务总局借给其西安办事处咸阳分处房屋52间及处东土地56亩，学校合计占地453亩。在咸阳校址勘定后，一面修理旧屋，一面加紧建筑新舍。1946年9月学校建设开始动工，至1947年底陆续建成学生宿舍、教职员宿舍、学生饭厅、教室等约560间。同时，修理及改造旧屋达500间。

1947年3月，院务会议决定成立校景设计委员会。西北工学院内原植有桃树、杏树数千株，校景设计委员会从西北农学院买回红叶枫、桐树、铁筋海棠、石榴、榕花等在院内栽种，改善了学校的环境。

1949年解放时，西北工学院在咸阳占有土地461.81亩。1951年至1955年期间，逐年征地678.08亩，占地面积扩大为1139.89亩。学院原有房屋952间，建筑面积21 220平方米，大部分是四角砖柱的土坯墙平房建筑，仅有的一座楼是早年酒精厂的蒸馏塔厂房。该大楼主楼五层，东西两翼各有两层配楼，主楼一、二、三层及西配楼为图书馆所用，其下部的一些房间则作行政办公用房。1952年时房屋建筑面积比1949年增加了89%，其中比较重要的建筑有几座可容纳300人左右上课的教室，2000多平方米的机械实习工厂新厂房等。为了改善教授住房条件，在北新村建了37座小平房，每座110多平方米，对称结构，供两户居住，周围空地较大，便于户外活动，可养花种菜，北面靠近农家果园和北塬，环境较好。

前文提到的陕西酒精总厂借给学校的蒸馏塔厂房可说是当时咸阳的第一座多层工业建筑。根据1953年毕业于西北工学院的马瑞文回忆，他上学时，这是学校唯一的高楼，作为学校的图书馆之用。他经常去这里借书阅读，当时的学生都称图书馆大楼为“筒子楼”。又据咸阳市志办公室退休老人张鸿杰生前回忆：“1949年前，咸阳城外没有建筑，基本都是农田，所以从塬上到城里来，一眼就可以看到这座五层建筑。”从1958年起至今这座建筑为华星无线电器材厂（原795厂）所有。

陕西酒精总厂借给学校的蒸馏塔厂房

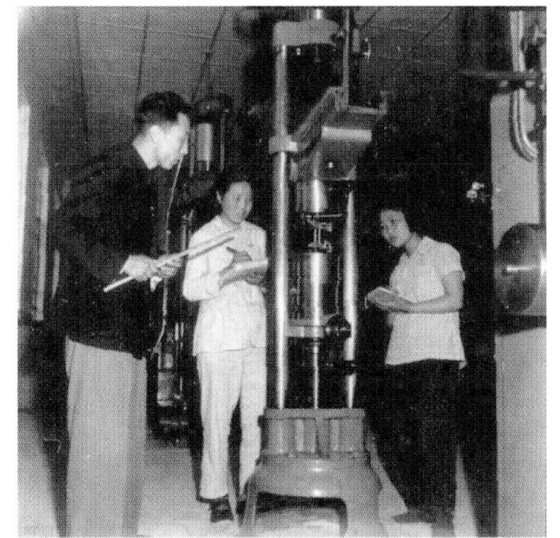

西北工学院实验室

1957年西北工学院女子垒球队获咸阳市冠军

西北工学院学生篮球比赛

西北工学院第一教学大楼旧址

从1953年起，学校制订了总体规划，加快了建设速度。除了继续增建一部分平房外，开始以建造楼房为主。学校陆续建了四座三至五层的教学楼，一座图书馆楼，一座教师宿舍楼（主要供讲师住），一座学生宿舍楼和一座较大的学生新饭厅。其中四栋教学楼占地100余亩，建筑面积为26 665平方米。单体建筑的平面布局灵活，萦回曲折，而整体布局沿中轴线对称，形成了独立的建筑组群。

在西北工学院迁到西安后的1958年，中央将学院旧址全部拨给了刚刚成立的西藏公学，即日后的西藏民族学院，现称西藏民族大学。

西北工学院平房教室旧址

西北工学院图书馆旧址

西北工学院学生 2 号宿舍楼旧址

西北工学院食堂旧址外景

三　航空摇篮华航楼

钟山苍苍，渭水泱泱；华航西迁，伟业德昌。文脉延续，薪火承传；西迁精神，光芒永放。

1952 年，交通大学、浙江大学、南京大学的航空工程系在南京组建华东航空学院（简称“华航”），被称为“新中国航空教育的摇篮”。1956 年，学院在寿松涛院长的带领下积极响应国家号召西迁西安，更名为西安航空学院（简称“西航”）。从此“热爱祖国、顾全大局、艰苦创业、献身航空”的西迁精神在西部的大地上扎根，华航教学主楼也成为华航西迁精神的象征。华航教学主楼恢宏大气，由我国建筑界泰斗杨廷宝先生主持设计，现已成为南京市文物保护建筑。

华航教学主楼

风云一甲子，弦歌两世纪。2016年8月，“华东航空学院办学纪念”碑石在美丽的南京卫岗落成揭幕。这里曾是新中国首批设立的航空高等学府——华东航空学院所在之地。华东航空学院，是西北工业大学的前身之一。

“华东航空学院办学纪念”碑石在南京卫岗落成揭幕

为了适应新中国航空工业发展的需要，1952年中央做出战略决策，将交通大学、浙江大学、南京大学（原中央大学）三大著名高校的精锐航空工程系迁出合并，成立华东航空学院。同年10月8日，这所见证和承载新中国强国梦想的中国航空教育高等学府在南京正式宣告成立。

华东航空学院

华航校园旧址（现南京农业大学）

华航校址坐落在南京中山门外，风景秀丽的紫金山南麓的卫岗。校园建筑的设计工作由南京工学院（现东南大学）建筑工程系承担，并由当时的系主任、中国建筑界泰斗杨廷宝教授亲自指导设计。

从校园中往北眺望，气势宏伟的中山陵近在咫尺，紫金山天文台清晰可见。从高处俯视校园，在一片苍松翠柏之处，教学楼与宿舍楼按自然地形的高低错落有致地分布于各处，如繁星般散落在绿荫丛中，环境宁静而优雅。

绿荫掩映中的华航校园旧址

主教学楼是华航的标志性建筑，于1953年建成。该楼是杨廷宝先生娴熟运用自身建筑素养与在实践中习得的清官式建筑修养完成的一座具有中国传统民族风格的现代教学楼。考虑到地形起伏及建筑功能的需要，杨先生将平面错落布置，首层地坪采用三种不同的标高，以减少填、挖土方工作量，形成中段高，两翼低，全楼各段体量高度也由中间向两翼递降的轮廓，与周围地形、山势相互呼应，十分和谐。

主教学楼立面采用不对称构图，显然杨先生不希望因形式古典而挥霍投资，他结合江南学校建筑性格，主入口为中国牌坊的形式，旁边高耸的楼梯间做成塔楼，冠以活泼的绿琉璃瓦重檐十字脊屋顶，从而加强了入口部分是全楼中心的分量，重点十分突出。东西两翼皆为平屋顶，仅用绿琉璃瓦檐口加以呼应，再向两侧延伸的部分就只是简单的平挑檐了。檐下的“颈

华航教学主楼细部

部”有水泥粉出的额枋、柱头、霸王拳等，各间梁枋两端还有浅浮雕式的椀花为饰。这种大面积平顶和传统檐部装饰相结合的手法，成功获得了现代民族风的风格。整座建筑的外墙均用青砖清水砌筑，仅檐下及柱坊用水泥粉面，显得庄严而素雅。

远眺主教学楼，其高低错落的体量、造型丰富的绿色琉璃瓦顶、民族化的风格，与中山陵交相呼应，更显得雄伟壮丽。俯瞰主教学楼，又似一架巨大的战机展翅欲飞，象征华航蓬勃的发展与祖国日益的强大。

华航整个校区占地 670 亩，划分为教学区、学生宿舍区、办公区和家属宿舍区。到 1955 年，已经建成校舍 39 000 平方米，临时建筑 6000 平方米，总投资 387 亿元（旧币）。虽然当时很多条件还很不到位，还很艰苦，一部分的实验要在草棚里开课，单身教工要在草棚里吃饭，但是师生对于自

己的校园却非常满意。盛夏黄昏，漫步在校园里，纳凉在中山陵的林荫道上，成为师生们的一大乐趣。

华航，钟灵毓秀，大师辈出，被誉为“新中国航空教育的摇篮”。华航的教师队伍里，国家第一批定级为一、二级教授的有范绪箕、季文美、王宏基、许玉赞、黄玉珊、谢安祜、王培生、胡沛泉、曹鹤荪、梁守槃等10位。他们都是早年留学海外，获著名大学博士学位，在各自学术领域中有很深造诣，并在国内外航空教育科技界享有盛誉的著名学者。教授中还有留学海外攻读航空工程的先驱、中国航空史的奠基人姜长英，我国航空宇航制造工程学科奠基人杨彭基，直升机专业创始人许侠农及著名数学家孙增光等。此外，还拥有戴昌晖、周广诚、陈士橹、李寿萱、施祖荫、彭炎午、沈达宽、马蕊然、张桢、王适存、赵令诚、濮良贵、唐致中等一大批中青年才俊。华航前辈学人严谨的治学态度，几十年来影响了一代又一代西工大人。

以权威的中国第一部大百科全书航空航天卷（1985）入选的人物条目为例，除华航教授季文美、黄玉珊、王宏基、杨彭基（4位西迁），范绪箕、曹鹤荪、梁守槃（3位在西迁前调离）7位外，还有各界校友徐昌裕、黄志千、徐舜寿、张阿舟、陆孝彭、虞光裕、马明德、罗时钧、庄逢甘、顾诵芬等共17位，占国内航空航天教育家、科技专家入选全书人物总数38人的45%。另有9人获院士称号。

1954年，党中央、国务院根据当时的国际形势和建设大西北的需要，做出了沿海工厂、学校内迁的战略决策。时任华航院长寿松涛高瞻远瞩、顾全大局，以国家利益为重，以非凡胆识和伟大气魄主动请缨西迁。1955年6月8日，国务院正式批准华航内迁西安。1956年8月，寿松涛院长带领华航全体师生员工约5000人，毅然挥别紫金山麓美丽的校园，浩浩荡荡，分批登上西行的火车，来到古都西安的荒原与麦田。华航人以鏖战沙场的英勇气概和拓荒者的艰苦奋斗精神，站到了西部开发的最前沿。同年9月，胜利完成西迁任务后的华航更名为“西安航空学院”。从此，一所以航空为主、从事国防科技的高等教育学府在中国西部历史文化名城西安巍然耸立，而华航人也以“热爱祖国、顾全大局、艰苦创业、献身航空”的西迁精神，汲取“艰苦奋斗、奋发图强”的延安精神，扎根西北，无私奉献，励精图治，再度创业，成为西部伟业的开拓者和建设者。

六十载风雨兼程，从紫金山麓到古都西安，昔日华航前辈先贤扎根祖国西北，坚守“航空报国”理念，铸就了新中国航空教育的伟业。

华航西迁，是新中国从战略层面审时度势的重大抉择。

华航西迁，是肩负国家重任的家国情怀，是新中国航空教育的壮美篇章。

华航西迁，是勇于开拓的责任担当，是激励我国航空教育勇往直前的永恒丰碑。

今日西工大人矢志不渝，薪火传承科学发展，英才辈出翱翔蓝天，见证了新中国航空工业艰难曲折而又壮丽辉煌的发展历程。

当我们站在西京回望南京时，美丽的华航校园、庄重素雅的主教学楼让我们如此感动和眷恋。他们所承载的华航人的精神与气魄让我们如此仰慕与崇敬，这里早已深深印在西工大的历史上，成为华航永恒的回忆与纪念！

华东航空学院第二届毕业生合影留念（1955年7月摄于南京）

华东航空学院第二届毕业生合影留念（1955年7月摄于南京）

华东航空学院学生开展航模运动

华东航空学院1957届全体女生合影

西安航空学院第三届毕业纪念（1957年7月摄于西安）

掌故二　建筑巨匠杨廷宝

杨廷宝

华航教学主楼庄重素雅、恢宏大气，由我国建筑界泰斗杨廷宝先生主持设计。杨廷宝（1901 年 10 月—1982 年 12 月），字仁辉，中国近现代建筑设计开拓者，著名建筑家，素有南杨（廷宝）北梁（思成）之称。1921 年赴美留学，1924 年获得全美建筑系学生设计竞赛艾默生奖一等奖。1927 年回国后设计了南京中山陵音乐台、南京中央体育场、扩建的清华大学图书馆等。新中国成立后，他又参与了人民英雄纪念碑、人民大会堂、北京火车站、毛主席纪念堂等百余项工程。他培养出了吴良镛、齐康、钟顺正等一批院士。杨廷宝先生与西工大有着难解的渊源，他主持设计的华航教学主楼成为西迁精神的象征，他的长子杨士莪——我国著名的水声专家、中国工程院院士，受聘为西工大双聘院士，其孙杨本昭也在西工大工作。“父子两院士，三代科教才”，成就与西工大的一段美好佳话。

杨廷宝先生主持设计的华航主楼

掌故三 西迁精神践行者——寿松涛

寿松涛

寿松涛（1900—1969年），浙江诸暨人，原名寿朝法，1926年入党，历任永成县委书记、新四军六旅十八团团长、萧宿铜陵县委书记、豫皖苏区第三军分区政治委员兼地委书记。南京解放后，先后担任南京市委组织部副部长、江苏省交通厅厅长等职。1953年任华东航空学院院长兼党委书记，1956年任西安航空学院院长兼党委书记。1957年10月任西北工业大学校长兼党委第二书记。

寿松涛会见苏联专家

华航西迁是中央的战略性考虑，但客观地讲，要从富庶的南京迁往当时还较为落后的西安，确实引起了教职工及学生思想上的动荡。时任华航院长的寿松涛，胸怀大局，坚决拥护和支持中央的决策。他一家一户登门拜访，不遗余力、苦口婆心地从党内人士到党外人士，从员工到家属，做了一系列深入细致的思想工作，要求大家服从大局、团结一致、同心协力，排除一切困难完成学院整体西迁的任务。由于寿校长一贯深入群众，在群众中有较高的威信，再加上他耐心细致的宣传和说服，学院西迁终于得到了大多数人的理解和拥护。寿松涛同志的大局意识和党性原则使大家心悦诚服，正是他对党的教育事业高度负责，献身祖国航空事业和创建名牌大学的精神和信心，才把全院师生员工团结起来，共同完成了华航西迁的历史性创举。

戎马半生，出生入死干革命；三建学府，呕心沥血育英才。他用自己的光辉一生阐释了什么是“热爱祖国、顾全大局、艰苦创业、献身航空”的西迁精神。

掌故四 “逃兵”变“尖兵”

1956年冬天，一个星期六的下午，寿校长做完例行报告之后，话题一转，说到了一件事。“最近有人告诉我，在西平的男厕所大便池门上有一首打油诗，写道：‘家住上海市中心，为了事业来西京，天寒地冻受不住，终有一天当逃兵。’”一阵哄笑后，寿校长接着说，“不要笑，这首诗写得很通顺，还有几分才气。”（又是一阵哄笑。）“一个家住上海市中心，也许还是独养儿子的年轻人，能为了事业来西安，应该说还是不错的。至于天寒地冻，那我倒要说了，冬天上海西北风很大，又湿又冷，不比西安好过啊！许多上海来的人告诉我，今年在西安是第一次没生冻疮。所以克服一下不难，年轻时吃点苦，不是坏事。将来生活条件好起来了，你就可以对将来的年轻人说，我们当时是如何艰苦创业与学习的。当然，‘终有一天当逃兵’就不要对他们提了！我建议改一个字，改成‘终有一天当尖兵’。”这件小事既反映了当时西迁条件的艰苦，同时也折射出以寿校长为代表的西航师生那种风趣幽默的革命乐观主义精神。

1957 年西安航空学院七系全体同学留影

四　强强联合哈军工

1952 年，为了进一步加强我国的国防现代化建设，中央军委决定组建中国人民解放军军事工程学院（因校址在哈尔滨，故又简称“哈军工”），空军工程系随之正式成立；1966 年，哈军工退出军队序列，更名为哈尔滨工程学院,空军工程系改名为航空工程系(后师生仍习惯称为“空军工程系”，所以后文仍以称“空军工程系”为主）；1970 年，航空工程系西迁西安正式并入西北工业大学。成立十几年间，哈军工空军工程系培养和造就了一大批优秀的国防现代化建设人才，创造出许多重大的科技成果，为国防建设和教育事业的发展发挥了重要的作用。哈军工航空工程系大楼也是哈军工建筑群中体量最大、最威武的建筑，是老校友们魂牵梦绕的地方。

1970 年 5 月,一辆辆军列陆续缓缓地从哈尔滨驶出,开往祖国的大西北。车上除了有 600 多位师生，还满载着 58 个实验室的笨重硕大的实验仪器、教学需要的黑板桌椅，以及油盐酱醋、锅碗瓢盆等生活用品。这些师生就是当年哈军工航空工程系的教职员工和学生。这一年，他们以整建制的方式并入西工大，为西工大的发展注入了重要的力量。

中国人民解放军军事工程学院航空工程系教学楼（1966 年）

20世纪60年代哈军工校园全景图

空军工程系学员在低速风洞实验室实习

空军工程系师生为风洞校正天平

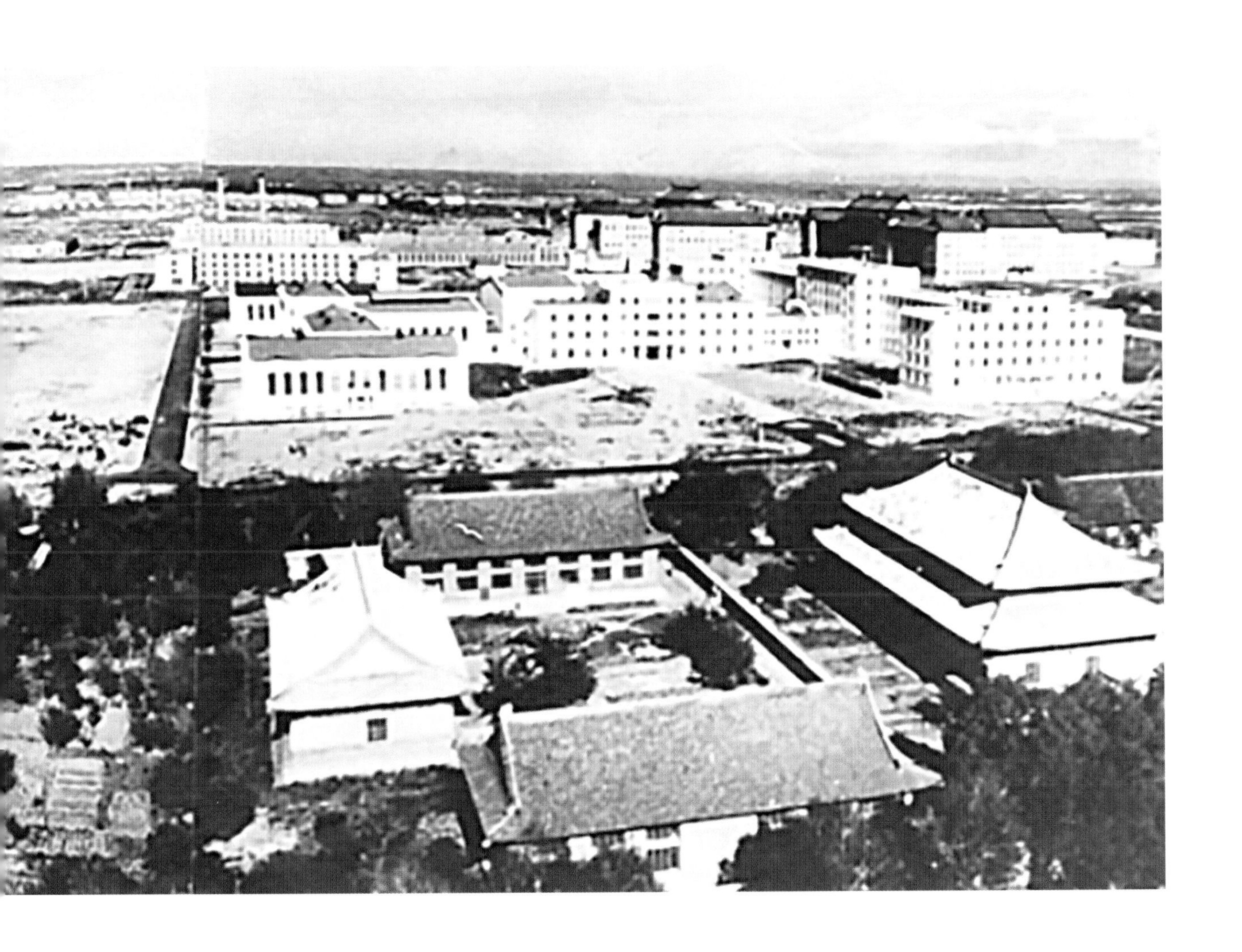

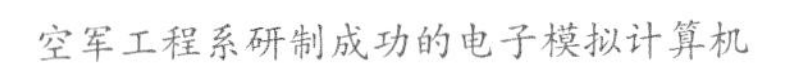

空军工程系研制成功的电子模拟计算机

空军工程系学员在全院第三届运动大会上做航空模型表演

空军工程系教学大楼

哈军工是中华人民共和国成立初期的最高军事工程学府。1953 年 9 月 1 日正式成立于哈尔滨，直属中央军委，首任政委兼院长为陈赓大将。哈军工建校时设立五个系，即空军工程系、炮兵工程系、海军工程系、装甲兵工程系、工兵工程系。每个系都有独立的教学大楼。

哈军工开始筹建之时，正值建筑界提出“社会主义的内容，民族的形式”的口号，开始了建筑复古主义风潮。哈军工校园选择了一处具有典型中国传统建筑特征的文化区域。校园西侧紧邻东北四大佛寺之首的极乐寺以及文庙。极乐寺和文庙虽然建于 20 世纪初，但依然延续中国传统寺院和文庙建筑的建造方式。整体建筑院落布局中轴对称，大坡屋面，砖木结构，饰有精美彩绘。在时代背景和特殊选址的共同影响下，哈军工的校园建筑选择了中西合璧、气势恢宏的建筑风格。校园五栋教学楼于 1953—1957 年间次第落成。

1958 年，哈尔滨军事工程学院空军工程系、空军工程科第一期毕业学员合影（第一排左起为罗时钧、余骥龙、唐铎将军、于达康政委、马明德、沈伯瑛、宋子功）

哈尔滨军事工程学院成立暨第一期开学典礼举行庄严的分列式

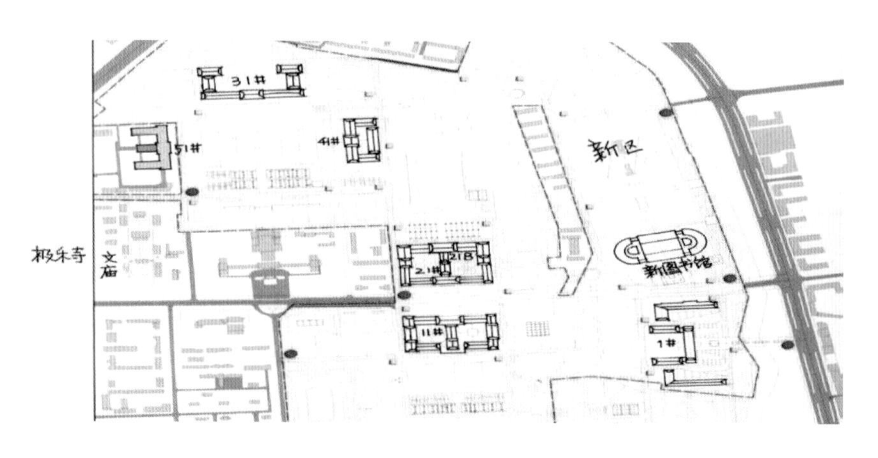

哈军工校园平面图

空军工程系教学楼（亦称为 11 号楼）建成于 1953 年，总面积 4.7 万平方米，是五栋教学楼中体量最大的建筑。其总体布局为“日”字型，呈中轴对称，平面规矩。建筑主体高五层，局部高六层。门厅通高三层，内部空间高大，回廊宽缓伸展。建筑立面严谨地划分为檐部、墙身、勒脚三个部分。大楼采用传统重檐歇山顶，屋檐下沿用斗拱和清式栏杆阳台，建筑底部仍为台基、栏杆、抱鼓的清式做法。主入口设歇山顶红柱门廊。大红色的门廊柱与灰色水刷石墙身背景构成鲜明对比，突出主入口的形象。

空军工程系教学楼（现哈尔滨工程大学校园内）

空军工程系教学楼内部

俯瞰空军工程系教学大楼

空军工程系教学大楼正门

校园其他四座教学楼与 11 号楼采用相似的设计手法，宫殿式大屋顶、歇山飞檐、七彩门廊、大红色门柱、大理石台阶、云纹柱等。在继承民族形式的基础上，设计者同时也进行了有益的创新，特别是在宫殿式屋顶的构件上。根据学校属性和专业特点，采用了解放军骑兵为前导的武器模型装饰构件，即飞机、大炮、军舰、坦克、吊车，替代传统屋顶四条垂脊的镇脊神兽。同时屋脊上不设龙头，而是一边一个硕大的猛虎。虎首回头，虎尾上翘，气势逼人。屋顶上的细节使得五座教学楼有了差异和区别，同时也给质朴凝重、英气逼人的校园气氛增添了一道有趣、亮丽的风景。

哈军工五栋教学楼将中国传统建筑形式完美并巧妙地与苏联式建筑的构图结合起来，成为中西合璧的现代建筑经典之作。2001 年，哈军工五栋教学楼被哈尔滨市政府确定为哈尔滨二类保护建筑，作为建筑历史文化遗产，成为哈尔滨市建筑艺术魅力的重要组成部分。2010 年，西北工业大学在哈军工空军工程系旧址举行了“空军工程系旧址”纪念碑揭幕仪式。

1970 年，航空工程系所属 8 个专业分别并入西工大飞机系、航空发动机系、电子工程系、航天工程系和自动控制工程系。冰城（哈尔滨的别名）的严寒造就了哈军工人钢铁般的意志。哈军工空军工程系的融入，使西工大人的血脉里又增加了坚毅和刚勇的热血。当年一大批哈军工知名教授——罗时钧、杨庆雄、沙伯南、刘千刚、康继昌等，为西北工业大学的人才培养、科学研究、学科建设等做出了重大贡献。

2010 年哈军工空军工程系旧址
纪念碑揭幕

空军工程系教学大楼春景

空军工程系教学大楼之落英缤纷

掌故五　哈军工教学大楼的设计往事

一九五二年十二月十八日，哈军工成立了院建筑委员会，第一期设计任务是五个系的教学大楼和学员宿舍、食堂，共十万平方米。设计师李光耀对于将大楼要建成民族形式这一点，感到十分为难。但是因受陈赓院长的重托，必须要完成该项光荣而艰巨的任务。他找学院技术室副主任殷之书借到了中国古建图集，一边学习一边到北京实地参观故宫、天坛等古建。随着经验的逐步丰富，五栋教学楼的设计稳步推进，直到全部完成。

一九五三年上半年，在大楼设计过程中，学院建委会进行了古建筑脊兽的改革。古建筑屋顶上的一些脊兽有些神话迷信色彩，放在教学大楼上很不合适。一天，技术人员陈星浩找殷之书，提出将五座教学大楼四个垂

空军工程系教学大楼解放军骑兵为前导的武器模型装饰构件

脊上的蹲兽改成各系的装备：空军系为一列飞机，炮兵系为一列大炮，海军系为兵舰，装甲兵系用坦克，工兵系也考虑一种装备。这样，大家一看到屋角装备就知道这栋楼所属什么系了。又研究将檐角的仙人骑凤改换成解放军骑马，威风凛凛的，很振奋人心。大楼正脊上的龙头换成虎身，虎首回眸仰视，虎尾弯弯上翘，很有气势。陈赓院长看了草图，十分同意，并说：高处蹲着老虎，很好！谁要是来侵犯我们，老虎就狠狠地一口把他咬住了。如今这些新"脊兽"仍高高地站在屋顶，守望着哈军工辉煌的历史。

（摘自殷之书回忆文章）

空军工程系教学楼

空军工程系教学大楼建筑檐角细部

空军工程系教学大楼屋脊细部

空军工程系教学大楼屋脊兽“白虎”

掌故六　两次创造“中国第一”的计算机专家康继昌

康继昌在哈军工工作的时候还是一名普通的讲师，他的研究成果为何受到周恩来同志的关注？这还得从他两次创造计算机科技领域的“中国第一”说起。

1958年10月，中央正式批准哈军工试制“东风-113”（国防建设重点科研项目）。康继昌受命担任“东风-113”机载计算机研制组组长，经过一年多的奋战，成功研制出了该机的原理样机。作为当年中国第一台机载军用计算机样机的设计和研制者，康继昌第一次创造了“中国第一”。

周恩来同志在哈军工视察时听说“东风 -113”计算机控制系统是康继昌几个年轻教员攻克的，他仔细观看了这台国内首次研制的机载计算机，说：“目前你们在材料和工艺上还有许多困难，搞这么大的任务，困难总是有的，但相信可以解决。希望你们能够带动全国航空工业的发展。”

1970 年 7 月，哈军工实力最强的一系“空军工程系”整建制并入西工大。康继昌便是从哈军工走进西工大，成为首屈一指的计算机专家。1974 年，他主持并成功研制的机载数字式射击瞄准计算机（SSS-1 型数字式射击瞄准计算机），通过了国务院航空产品定型委员会鉴定，作为我国第一台机载火控计算机载入航空史册。在西工大，他第二次创造了“中国第一”。

康继昌先生作为哈军工精神的代表，身体力行，不懈探索，奋斗在计算机科学技术的前沿，开创了一个又一个新的研究方向。

（王凡华《深切缅怀康继昌教授：计算机科学家的爱国情怀》）

1982 年 4 月，康继昌教授指导学生进行课题研究

1999 年，康继昌教授在西北工业大学计算机系实验室

五 翰墨飘香图书馆

西工大友谊校区图书馆位于教学区东西中轴线上，由东、西两部分组成，总面积 21000 平方米。由于建成年代不同，师生们又称其为旧馆和新馆。

友谊校区
图书馆冬景（旧馆）

友谊校区
图书馆冬景（新馆）

在 1955 年西安航空学院的规划图上，图书馆（西馆）就是第一批重点建设的项目。该项目由寿松涛校长亲自主持建设，并于 1958 年落成，成为学校当时标志性建筑之一。

图书馆西馆位于中轴线的中心位置，是一座错落有致、典雅庄重的红砖建筑，它掩映在高大的梧桐树树荫中，砖墙上斑驳的光影，述说着时间与书的故事。图书馆馆名由学校体育教研室王允升教授题写。1984 年在原址基础上又增盖了六层书库，形成了现在的面貌。

整座建筑坐东朝西，平面呈“山”字型，其正面和南北两侧为阅览空间和办公区，主楼后（东）中部是书库。建筑外墙采用深红色的砖墙搭配白色水平线条或遮阳板，檐下点缀简洁雕饰，整个建筑显得温暖、朴实而含蓄。踏上台阶，来到旧馆入口前的宽大月台上，三层高的入口门廊简洁挺拔，入口两根高大的白色方柱在红砖墙的映衬下显得器宇轩昂。旧馆细部虽不多，却精简得当，门廊两侧墙上的和平鸽浮雕寓意深远，给人留下深刻印象。

1982 年 4 月图书馆一角

图书馆细部

图书馆西馆建筑立面

当年，建成后的图书馆西馆是陕西地区高等学校中颇具影响力的图书馆大楼，它不但成为西北工业大学校园中的一座标志性建筑，同时也成为陕西省高等学校建造图书馆大楼的样板工程，省内外单位参观学习者络绎不绝。

“十年树木，百年树人。”60多年前师生在图书馆门前种下的这棵雪松，如今已长成参天大树，郁郁葱葱，挺拔健硕，一眼望不到顶。它从南京来到西安，扎根在这片黄土地上，默默守望着学校事业的发展，见证着一批批西工大学子怀揣着对知识的渴求，攀登科学的高峰。

1987年7月学生在图书馆查阅书籍

20世纪80年代图书馆阅览室一角

友谊校区图书馆东馆

随着时代的发展和学校规模的扩大，学校对图书馆也提出了更高要求。1993年由香港知名爱国人士邵逸夫先生投资500万港币，原航空航天工业部配套1150万元，在教学区中轴线的东端，也就是图书馆西馆的东边建成了一座现代化的新图书馆，即图书馆东馆，又称为新馆。新馆的馆名由国防部原部长张爱萍将军题写，从一个侧面也反映了西工大浓重的国防情怀。

图书馆东馆进行功能设计时，充分考虑了利用图书馆西馆的书库，尽可能增加有效利用面积，使两馆有机结合、配套使用。所以在东馆中没有设计专用书库，突出藏阅结合、全开架阅览为主的特点，如设有约560平方米的大阅览室5个。此外，还有以网络技术为标志的现代化技术的应用，如计算机信息中心、电子阅览检索等。

“图书馆”——张爱萍将军书

图书馆东馆的平面呈“口”字型，分 4 个区域，主要用房均为南北朝向，通风、采光俱佳。建筑造型采用方形与弧形相结合，简洁有力，深蓝色的玻璃幕墙和银白色的石材贴面相互映衬，不仅产生出丰富的虚实对比，而且和西工大校徽蓝、白两色相呼应。主立面中央深蓝色的玻璃幕墙中央镶嵌着一块如书卷状的古铜色牌匾，牌匾上是张爱萍将军为学校题写的三个大字——“图书馆”。

一进东馆大门，迎面中庭内摆放着火箭发动机模型、长征火箭模型、神舟飞船模型，以彰显学校在航天事业上做出的巨大贡献。中庭十分开阔，直通顶棚，抬头仰望可见中庭天窗，剪刀梯对称迂回延伸向上，连接各层回廊。回廊四壁上，挂着学校十几位两院院士的风采照片，他们是学校的骄傲，也是年轻人学习的楷模。

图书馆东馆中庭

图书馆东馆阅览室一角

东馆藏书按中文、外文、图书、期刊等分类，分不同阅览室陈列，井井有条，师生可以按类别各取所需。书库中各种参考资料摆放整齐，凡所应有，无所不有，称得上“书籍的高山，知识的海洋”。

图书馆东馆期刊阅览室

两馆现藏文献总量260余万册。除传统图书外，电子资源也在不断丰富，图书馆陆续引进了CA（CD）、期刊编目数据库等国内外光盘与网络数据库，并自建馆藏文献书目数据库、硕博论文全文数据库、重点学科导航库等。馆藏及引进文献内容与本校学科专业紧密结合，形成了以“三航”和国防为特色，以高新技术学科为重点，并兼顾基础学科的工、理、管、文相结合的多学科藏书体系。

新、旧图书馆相对而立，像两位智者，随时准备向前来请教的学子传授知识，解惑答疑，两馆的现代化设施让查阅资料变得格外容易。

即使不是为了借阅图书，许多同学也很乐意到图书馆去。新馆的五楼和回廊、旧馆的几个自修室都提供了舒适的自习环境，厚重而宽大的书桌留下莘莘学子勤奋求学的身影。

图书馆新馆的门前广场更是每年举办学士、硕士、博士毕业典礼的场所。一批批身着学位服，怀揣青春与梦想的西工大学子们将学位帽高高抛向空中，庆祝学业的圆满，同时又将开启报效祖国、献身国防的新征程。

图书馆东馆回廊

图书馆东馆前的毕业典礼

掌故七　大树西迁

在西工大友谊校区图书馆西馆前有一株参天大树，它和友谊校区同岁，郁郁葱葱，尽是芳华。这是一棵硕大的雪松，坚毅挺拔，直入云霄，来来往往的师生不由得停下脚步感叹它的巍峨。

说起这棵大树，不得不提一位老人，他叫杨润斋，19 岁来到华东航空学院，随后被抽调到迁校办公室，参与华航西迁的整个过程。华航师生们人来到了西安，但是根还留在南京，大家对故乡非常思念，便商量从南京移栽一棵雪松过来。这项工作就落到了杨润斋的身上。

他代表学校来到中山陵，很快买到一棵拇指粗的小树苗，连根 6 米长，每米要 8 元钱，这 48 元在当时就是一个月的工资。由于情况特殊，没办法托运，他就一个人带着这棵树苗准备坐火车返回西安。列车员坚决不让他上车。他反复解释这是师生们的心愿，希望把树苗种在大西北的土地上。列车员深受感动，后来大家一起帮他把树苗放在行李架上运到了西安，下了火车他舍不得让学校派车，于是又一个人乐滋滋地扛着它走了十公里，才到了学校。

60 多年过去了，小树苗已经长成参天大树，杨润斋也迈入了老年。他说，每天走在梧桐大道上，看着一届届学生毕业，一级级新生入校，学校事业蒸蒸日上，这是他最开心的事。只要有空他就来看看“老伙计”，这棵雪松记录了他的青春岁月，更见证了学校的发展。

友谊校区图书馆西馆门前的雪松

掌故八　回望历史，图书馆从这里走来

《国立西北工学院图书馆概要》中写道："各级学校之创设，莫不以购置图书，建筑图书馆为先务之急，图书馆馆址恒建筑于全校最优美之区域。"

早在1938年国立西北工学院成立，学院筹备组就决定成立图书组，随后正式命名为国立西北工学院图书馆。学院将原校舍主要建筑——意大利天主教堂大院儿西南角的一片房屋划为图书馆用房，设有书库、阅览室和办公室等，馆藏图书达到15526册，订阅杂志164种。当时处于抗日战争时期，学院教学生活用房都非常困难，图书馆能够有一席之地开展工作实属不易。

国立西北工学院图书馆

1945年8月，抗战取得胜利。1946年7月，国立西北工学院奉命复员回陕西咸阳继续办学，学校决定将图书馆设在咸阳酒精厂大楼内。1949年，咸阳解放前夕，为了防止敌人破坏，护校团留守人员将重要的图书装箱藏于大楼地下室加以保护，使这些藏书幸免于难。

1952年10月，华东航空学院在南京成立，同时成立了华航图书馆，临时借用南京工学院几间房屋开展工作。1954年7月，学院自南京城内四牌楼迁到城外卫岗新校舍。学院决定把新教学楼大楼一层全部用作图书馆馆舍，主要作书库、流通借阅及内部业务办公之用等。

1956年8月，图书馆随华航搬迁到西安，成立西安航空学院图书馆。学院决定将教学西楼一层、二层供图书馆使用，总使用面积为1015平方米。

1957年，西北工学院图书馆与西安航空学院图书馆合并成立西北工业大学图书馆，共有图书33万册。1958年底，新图书馆大楼（现图书馆西馆）建成，建筑面积达到8300平方米。1970年，哈尔滨军事工程学院空军工程系迁入西北工业大学，文献资料也并入图书馆。

（引自《西北工业大学图书馆馆史（1938—2002）》，主编苟文选）

图书馆借阅场景

六　公诚勇毅校训楼

为了传承“公诚勇毅”校训，弘扬“三实一新”校风，学校将原1号楼命名为公字楼，原12号楼命名为诚字楼，原科研楼命名为勇字楼，原基础课楼命名为毅字楼，以回望历史，追溯他们的发展与变迁，展望未来，继承校训与精神。

在西工大友谊校区校园内有四座以“公诚勇毅”校训命名的标志性建筑，它们已经不再是一栋栋简单的建筑物，而是成为西工大校训的载体，成为

20世纪80年代
1号楼远景

西工大学子的精神寄托。西工大校训与校风正如春风化雨般融入西工大人的教学科研实践中，也融化在西工大的校园建筑之中。

1. 公为天下 报效祖国（公字楼）

在友谊校区的西南角，静静地矗立着一座深沉而坚毅的大楼，它就是西工大的校训楼——公字楼。这座教学楼在建成之初被称为 1 号教学楼，也是当时学校及周边的标志性建筑。

“公字楼”近景

1号教学楼，建于1961年，位于教学南路最西端，与矗立在路中央青郁高大的云杉树相对而望。这座西工大标志性建筑是由1957年8月12日成立的西北工业大学基建办公室组织技术力量自己设计的。其建筑平面就像一架正待起飞的飞机，朝气蓬勃，气宇轩昂，意欲腾飞建业。主体建筑高五层，中间六层，在青松云杉的掩映下，朴实稳重，简洁大气。入口外立面上的米黄色混凝土和两侧一百多米的外立面采用的赭石色砖墙，加上高大的黑色塑钢窗，使整座建筑与周围环境和谐相处。建筑内宁静而又舒适，宽敞而又明亮。入口顶层两处精致的雕花，精雕细刻而又不谄媚烦琐，恰如西工大人严谨治学、求真务实的精神。

“公字楼”雪景

俯瞰"公字楼"

2. 诚实守信 襟怀坦荡（诚字楼）

在西工大长安校区投入使用之前，坐落在友谊校区教学区中心花园北侧的“诚字楼”（12 号楼），是学生们上课学习最主要的教学大楼。整栋大楼都充盈着一种肃穆古典的风格，严格的直线与棱角展示着一种冷静的思考。尽管它没有优美的造型、复杂的结构、华丽的外表和耀眼的光泽，但是朴实的砖墙、木制的门窗、厚重的水磨石地面，每一个细节都显示出这座教学楼悠久的历史，它默默地陪伴着一代代西工大学子在这里学习与成长。

12 号楼内学生认真听讲

1982 年 5 月八系学生在 12 号楼做飞行模拟实验

“诚字楼”初名 12 号楼，建于 20 世纪 60 年代初，建筑风格为苏式建筑。根据资料可知，12 号楼的命名依据校园最初规划排序而来，不过由于它在师生学习生活中的特殊地位，被赋予了新的美好释义。

“诚字楼”主楼为东西走向，最东边和最西边的副楼向北折去，就像张开的臂膀，怀抱着走进大楼的学子。“诚字楼”的楼道悠长，每当阳光洒进来，都会让人感到时光的流动。阶梯教室内经年的木质地板，踩上去发出低沉而有力的响声，提醒同学们时间的珍贵。从这里走出去的人，也终将被这座楼所感染，形成踏实的作风。

教学区 12 号楼（1978 年）

“诚字楼”侧影

掩映在绿荫中的“诚字楼”

“诚字楼”细部

“诚实守信，襟怀坦荡”，正如校训所述，“诚字楼”提醒着来到这里的学生们，以诚实的态度面对人生，面对学习，面对各种挑战。

提到“诚字楼”就不能不提到楼前的花园。花园正对“诚字楼”的大门，与“诚字楼”等长，相隔不过5米。坐在教室里，只一抬头就能看见绿树成荫、鲜花盛开的景象。因此“诚字楼”又被称为“花园中的教学楼”。“诚字楼”前花园是教学区里每天醒得最早的地方。天色刚刚发白，学生们已经陆续赶到了这里，开始了晨读，琅琅的书声回荡在“诚字楼”前。

3. 勇猛精进 敢为人先（勇字楼）

在教学南路中段，一栋大楼矗立在路的南侧，底层的裙楼遮掩在高大的梧桐树下，幽静又不乏大气。

这栋高楼就是以学校校训“公诚勇毅”中“勇”字来命名的“勇字楼”，原名科研大楼。该楼于1985年10月开工建设，1987年11月竣工投入使用，有33年的历史，是西工大“公诚勇毅”四栋建筑中最年轻的一栋。2003年，为了勉励科技人员“勇猛精进，敢为人先”，不断创新，就以校训中的“勇”字来命名。

远眺“勇字楼”

“勇字楼”侧影

“勇字楼”远景

"勇字楼"高 50 米，是当前校园里最高的建筑，与教学北路上的航空楼南北遥相呼应，形成西工大的高度地标，塑造了工大新的天际线。大楼为"一"字型高层建筑，裙楼呈包围状将主楼环绕，设计简洁有力，建筑的哲理与科研精神契合，有一定梯度向上收缩，更显主楼挺拔雄伟。"勇字楼"的南面比起北面造型上有了变化，两旁的裙楼伸出，对称形成怀抱状，体现出"海纳百川，有容乃大"的气魄和精神。在航空楼建成前，"勇字楼"是西工大一片多层建筑中的"巨人"。很多校友回忆，当时科研楼两侧还是东平和西平阶梯教室的时候，"科研楼更显高大，让人不得不仰望。"

今日的"勇字楼"外立面经过重新装修，再一次焕发出青春的色彩，傲立在西工大的校园中。

4. 毅然果决 坚韧不拔（毅字楼）

对于西工大来说，在教学区幢幢高楼中深藏着一个"毅字楼"。很少有人能注意到它，因为它太简单，四四方方，朴实无华，没有半点的造作和修饰，没有"公字楼"的庄重，也没有"诚字楼"的优雅，更没有"勇字楼"的高大，可这个不起眼的地方却承载了许多人的汗水和智慧。

"毅字楼"之"毅"取自果敢刚毅，一如西工大校训中的"毅然果决，坚韧不拔"。"毅字楼"以前叫作"基础课楼"。说起它的历史，还要追溯到 20 世纪 70 年代。1979 年 5 月，基础课楼开始动工，历时两年零七个月。其平面呈"一"字型，楼高七层，立面造型简洁大方。说它是基础课楼也是"楼如其名"。以前到过基础课楼的人都知道，拾级而上的时候，空间材料科学实验室、光信息技术实验室的神秘与魅力总使人驻足观看，国家工科力学教学基地的牌号是那么响当当，这里是工科大学中数学、物理、化学、力学等基础课系集中的大楼。如今一楼为陕西省数字化特种制造装备工程技术研究中心、国家级航空实验教学示范中心和航空结构实验室。

"毅字楼"以不同的方式向世人展示果敢坚毅的西工大，扎根西部、艰苦创业中有它，迎难而上、追赶超越中有它。岁月更迭，薪火传承，"毅字楼"依然默默矗立，诉说着"毅然果决，坚韧不拔"的工大精神。

俯瞰基础教学楼（现“毅宇楼”）

“毅宇楼”

“毅宇楼”侧影

西北工业大学三脉汇聚，集中了军工领域的强势学科，大师云集，星汉灿烂，加之汉唐盛地千年文化的滋养以及延安精神的浸润，赋予学校丰厚的精神底蕴，孕育了新时期西工大共同的价值理念。

西工大从诞生之日起就与国家命运紧密相连，始终肩负起科技报国、科技强军的重任，为国民经济建设和国防科技事业发展做出了重要贡献。进入 21 世纪，西工大进一步弘扬“扎根西部、艰苦奋斗、求真务实、开拓创新、追求一流、献身国防”的西工大精神，坚持“以学生为根，以育人为本，以学者为要，以学术为魂，以责任为重”的办学理念，培养基础扎实、专业能力强、有社会责任感和国际视野、德智体美全面发展的高素质拔尖人才，全面提升学校综合实力和核心竞争力，努力办好人民满意的大学。

秉承“公诚勇毅”校训和“三实一新”校风，一代代西工大人为国防科技发展做出了突出贡献。

俯瞰“公诚勇毅”校训楼

建校80多年来，西工大为国家输送了32万名科技人才，培养了我国6个学科的第一位（批）博士，产生了51位两院院士、66位将军和一大批国防科技领域的领军人才。在航天领域，从早年“航天三少帅”中的张庆伟和雷凡培，到中国探月工程总设计师吴伟仁等，一大批杰出校友担任国务院国资委管理的大型央企及所属企事业单位党政领导干部及副总师以上职务，相继为我国航天事业的飞速发展做出了突出贡献。航海领域同样有大批的杰出校友活跃在船舶工业、水中兵器行业的重要管理岗位与核心技术岗位上，英才辈出，不胜枚举。大批西工大学子成为行业精英、国之栋梁，在人才培养领域形成了独有的“西工大现象”，被社会誉为“总师摇篮”。“西工大一个班里出了3位总师——歼20总师、运20总师、歼15副总师”，更是引起社会的广泛关注。

西工大5381班毕业留念（一个班走出三个飞机型号总师）

在16个国家科技重大专项中，西工大重点参与的有10项，其中包括大飞机、载人航天与探月、高分辨率对地观测等，更是“为中国首次载人航天飞行做出贡献单位”的两所高校之一。“十三五”以来，学校获国家三大奖20项，省部级一等奖58项，科研经费到款累计超过170亿元，位居全国高校前列。

七　无人飞翔三六五

当我们骄傲地看到西工大研制生产的无人机方阵通过天安门接受祖国和人民的检阅时，当我们自豪地注视着新型的无人机翱翔在祖国的蓝天时，我们应该记起这样一座特殊的建筑，它是西工大无人机事业腾飞的基地——西工大西苑原无人机研究所大楼。

回溯历史，提起西工大无人机的发展，还要从航空模型说起。1955 年，华航组建航模队并成功研制了我国第一架无线电遥控模型飞机。在航模队建设的基础上，1958 年 8 月，西工大成功研制的我国首架无人机在西安窑村机场首飞成功。随后西工大研制生产的 B-2 靶机装备部队，累计生产

寿松涛为无人机研制人员鼓劲

5000余架，并获得1978年全国技术大会奖。1984年，经原航空工业部批准，学校成立了无人机研究所。

1991年，原航空航天部在西工大无人机所（亦称365所）的基础上批准成立“西安无人机研究发展中心”。当时无人机所生产场地在校内的教学生产车间，科研人员挤在科研楼的几间小房间里，条件非常艰苦。学校为了大力支持无人机事业的快速发展，在西工大西苑的中心挤出建设用地，为无人机研究发展中心建设研发大楼。

无人机所大楼手绘效果图（张耀曾）

20世纪80年代无人机研究所大楼

无人机研发工艺较为复杂，建筑空间不仅要考虑加工、装配、试车的流程，还要满足维修、陈列等大尺度的空间需求。当时国内无人机刚刚处于起步的阶段，尚无此类建筑范例，没有任何借鉴和设计经验可供参考。虽然困难重重，但西工大原建筑设计研究所在张耀曾教授带领下，勇挑重担，与365所工艺师积极配合，共同圆满地完成了此项艰巨的任务。

新建成的365所大楼占地6000余平方米，总建筑面积约14000平方米。建筑通过内庭将科研测试和生产装配分成两部分。科研测试楼位于用地的南侧，建筑面积8000平方米。主体六层，采用框架结构。生产装配部分位于用地北侧，建筑面积5600平方米。设计师根据空间体量和用途采用了相应的结构形式：小空间的木工和试车台车间为二层砖混结构，中型规模的加工车间为三层钢筋混凝土框架结构，用来装配和展示的装配工段车间采用单层钢筋混凝土排架结构，实现净空7.2米、面积1100平方米的灵活完整的大空间目标。建筑整体结构经济、实用。

建筑东北角为一座27米高的塔楼。塔楼造型像数字“1”，仿佛暗含着365所是中国无人机科研生产基地“No.1”的寓意。在功能上，对于不了解无人机的人来说，以为塔楼仅是出于造型美观的考虑，实际其内部是通高三层的高耸空间，用来悬挂、晾晒无人机降落伞。研发大楼整体天际线平坦，但塔楼毅然挺拔高耸，整体建筑水平与垂直的线条形成了强烈的对比关系，和谐中求变化。

科研生产条件的改善与提升，使得无人机所的发展迈入快车道。365所先后在这里研制成功了T6、Z52、Z53、T18、F17等重大型号，并顺利完成生产，获得国家及省部级科技成果奖74项。2013年，国家发展改革委员会批准依托西工大无人机所建立国内无人机行业唯一的“无人机系统国家工程研究中心”。2009年60周年国庆阅兵式，以及2017年朱日和阅兵式，解放军无人机方队全部由西工大的无人机所研制并装备部队。腾飞的无人机事业已经成为全体西工大人的骄傲，成为西工大的名片，正在成为我国军用和民用无人机领域的领军者。

西安高新区 365 所研究大楼

我国最大的无人机研发基地在西工大建成并已研制生产数千架无人机

西工大无人机生产线一角

西工大无人机参加国庆阅兵

西工大无人机方队国庆受阅归来

掌故九　西工大自己的建筑大师——张耀曾先生

张耀曾

张耀曾先生，生于1935年2月，江苏无锡人，国家一级注册建筑师。1953年至1958年在清华大学攻读建筑学学士和硕士学位，与张锦秋先生师出同门。张耀曾先生是西工大建筑系创始人之一。

张耀曾先生从小立志学习建筑，1953年的夏天他以高分考取了清华大学土木建筑系建筑学专业。随后由于成绩优异，张耀曾从众多清华学子中脱颖而出，被保送到清华大学建筑学继续攻读研究生。研究生三年，师从著名设计专家汪国瑜、梁思成、林徽因等，参与了国家重点工程的设计工作。张耀曾有幸在梁思成的带领下参与了人民大会堂的设计。大学期间，他还参与国家大剧院、国家图书馆、咸阳中富商城、上海浦东高航通用楼等的方案设计工作。

1987年，国际建筑师协会代表大会在英国伦敦举行。为了达到交流、学习的目的，我国经过层层选拔，选出了4人代表中国参加会议，张耀曾是其中之一。他的论文《关于传统住宅和现代生活》在当时引起了广泛关注。

张耀曾手绘稿

1988 年 11 月，经过反复考虑，张耀曾选择来到西工大，承担起筹建建筑学专业的重任。由于专业刚刚成立，师资缺乏，设备落后……面对一系列的问题，张耀曾没有被困难压倒，而是积极从各方面筹措资金，邀请张锦秋等大师来为学生们授课，终于完成了建筑系的筹建工作。张耀曾先生重视人才培养，经常亲笔为学生改图，他的手绘稿成为学生争相收藏的“作品”。他不仅为航空领域和社会培养了众多优秀建筑人才，还积极参与学校的建设，设计完成了建工系教学楼、无人机研究所大楼等工程，被誉为“西工大自己的建筑大师”。

掌故十　军民融合——西工大无人机事业再次腾飞

2014 年，经英国知名市场研究机构“Vision gain”评测，西安爱生技术集团公司与中国航空工业集团公司、英国 BAE 系统公司、美国波音公司、美国洛克希德·马丁公司等世界著名企业一道，成为国际无人机领域综合实力二十强（TOP 20），跻身世界最具实力无人机研制企业的行列。

公司抓住牵头筹建国家唯一的“无人机系统国家工程研究中心”的重大发展机遇，明确了“产业链创新，产业化发展”的新思路，确立了“陕西为总部，向全国布局，国际化发展”的产业化发展目标，规划了“一基地两中心”（无人机产业化基地、无人机研发中心、无人机试验测试中心）的产业化发展格局。

从系列化军用无人机，再到系列化中高端民用无人机，西工大无人机所研制的重要航空产品不断迭代升级，也正是国家整体实力提升和航空工业进步的显著标志，其中靠的正是自主研制和科技创新。

学校拥有国内无人机领域唯一的无人机特种技术国家级重点实验室和无人机系统国家工程研究中心。同时，学校充分发挥学科集群优势，在“空、天、地、海”领域的无人系统研发、人才培养等方面，开展长期研究，具有雄厚的研发和制造技术积累，率先筹备组建了全国第一批无人系统研究院，对提升我国无人机系统的综合研究和创新能力做出了贡献。

2017 年，由西工大联合西咸新区沣西新城等共同建设的西工大“翱翔小镇”暨无人机产业化基地建设项目启动。这标志着我国首个以“空、天、地、海”无人系统产业集为核心的“科教产融”创新示范小镇，在西咸新区沣西新城正式启动建设。这是我国最大的高端中小型民用无人机产业化基地。

建设无人机试验测试中心，规划用地5000亩，拟建跑道长2400米，宽45米，建设资金10亿元。拟承担各类型无人机演示验证飞行试验、检验飞行试验、科研飞行试验、定型飞行试验、认证飞行试验，以及培训飞行、交付飞行、表演飞行等数十种国家级任务。面向全国，满足各类无人机试验测试需求，实现适航认证、定型鉴定、科研实验、操作维护、人才培训、维修改装保障、飞行服务、体育竞技、科教综合展示、展示交易等功能，未来将打造为国际领先、中国第一的国家级无人机试验测试中心。预计2020年试验测试任务将达到3000架次以上。

建设无人机产业示范基地，共用地580亩，建成一个集工程试验、工艺试制、综合集成与测试、批量生产、培训与训练、售后服务及企业孵化等为一体的多功能、多用途产业化示范基地，年产1000架无人机。

（引用自西工大官微《西北工业大学“领飞”我国中高端民用无人机产业发展》）

西咸新区沣西新城无人机产业化基地

八　鲲鹏展翅翱翔馆

翱翔体育馆由西北设计院著名的体育场馆设计师袁安江主持设计，总建筑面积 16 166 平方米，造型新颖、活泼、大气，充分体现了时代特征和朝气蓬勃的体育精神。它不仅见证了工大学子决战翱翔的气魄，而且领略了工大学子齐唱校歌的豪情。

体育建筑是学校建筑群中极为重要的元素，由于校园体育建筑普遍都属于大空间建筑，具有占地面积广、体量宏大、形象突出的特点，在校园的整体规划中占有十分关键的地位；同时，校园体育建筑所承载的功能也是校园生活的重要组成。除了各种室外田径场及球类活动场地，西工大友谊校区和长安校区都有种类齐全的体育场馆，如友谊校区的翱翔训练馆（篮球活动为主）、综合体育馆（游泳、羽毛球为主），长安校区的翱翔游泳馆等。而这其中，位于长安校区的翱翔体育中心无疑是其中最闪耀的一颗明珠。

翱翔体育馆

翱翔体育中心坐落于长安校区东北角，毗邻小东门北侧，由中国建筑西北设计研究院著名的体育场馆设计专家袁安江主持设计，于2007年底竣工验收。整个连体建筑分为主馆和训练馆，总占地面积10 606平方米，总建筑面积16 166平方米，建筑高度30米。

翱翔体育中心在总体布局中将主馆布置在用地的北部，弱化其巨大体量对南面校园入口的压抑感，而体量相对较小的训练馆与主馆形成一个有机的整体，为南向留出大面积的建筑前广场，使得体育建筑之美可以被充分地展现出来。

翱翔体育馆主馆

翱翔体育中心在功能上设计全面，技术先进，其场馆条件在陕西高校中首屈一指，于2008年承办了第十届CUBA中国大学生篮球联赛西北分赛区比赛和第十二届全国大学生羽毛球大赛。主馆内东、西两面分别为大屏幕视频墙和小看台。北面为舞台，舞台跨度40米，不演出时可拉出活动座椅作为看台。南面为主看台，包括主席台和贵宾席。看台共有4912个座位，其中可收放的活动座位为1432座，包括活动贵宾席112座，记者活动席104座。位于中心的比赛场地长44米，宽32米，可灵活划分为1 ~ 2

个篮球比赛或练习场地、3 个排球比赛场地、1 个网球比赛场地或 10 个羽毛球比赛场地，还可供藤球、体操击剑、举重拳击、摔跤、武术、柔道等多项运动项目的比赛和练习。围绕比赛场地，看台下布置有器械库房、运动员休息室、贵宾休息室、会议及新闻发布室、记者用房、办公等辅助用房。各部区域均有独立的出入口通向室外。功能分区明确，使用合理，交通组织流畅。副馆比赛场地长 44 米，宽 35 米，可设置临时观众台。北部设有运动员休息室两套，三个体育教学室。东部设有相应的管理办公、库房、商店等服务用房。副馆东部、西部各有一个独立的出入口，便于使用，且与主馆有室内通道相连。这些位于一层的辅助用房作为室外大平台衬托起翱翔体育中心主副馆的建筑形体，凸显出主副馆建筑的雄伟、挺拔，同时室外大平台可作为观众进出建筑的主要通道。

西工大承办 CUBA 16 强篮球赛

屋顶造型通常是体育场馆建筑设计的重点，而为了实现空间通透、简洁流畅的建筑造型，同时又使结构受力合理，能跨越较大的跨度且节约材料，主馆屋顶结构由纵向四榀钢管桁架主拱和横向起稳定及联系作用的次桁架组成的空间体系组成，桁架的截面及纵向布置呈三角形，保证其自身的强度、刚度及稳定性。中间两榀矢高大的主拱在拱顶处紧靠在一起，在拱脚处张开，形成立体 X 形的主骨架，既坚实稳固，又给人团结向上的意念，充满了生机。而侧面两榀矢高小的主拱则组成了屋盖的副骨架，使屋盖在宽度上绵延伸展，表达鲲鹏展翅的寓意，体现了真正意义上结构受力与建筑美学的结合。

体育场

而建筑外观中形似飞行器的造型元素墙与点式玻璃幕墙有机结合，造型别致，并呈向上升起的姿态与屋盖边缘穿插组合，造型新颖、活泼、大气，充分体现了时代特征和朝气蓬勃的体育精神。

俯瞰翱翔体育馆

掌故十一　体育文化欣欣向荣

西工大在办学历程中逐渐形成了重视体育教育的优良传统，不仅同时推动对体育教学、课外体育锻炼、高水平运动队的建设，还注重对学生体育知识、体育技能、体育道德、体育意识等多方面的培养，在体育活动中突出学校育人理念和三航特色，促进了校园体育文化的健康发展。

从 2002 年开始，学校用体育文化节的创新形式替代了传统意义的年度田径运动会，突出了健身性、娱乐性和大学生的参与性，使之成为学校教育的重要环节和人才培养的有效途径。体育文化节历时一个多月，成为全校师生员工互动的联欢节日，各类“三航杯”赛事好戏连台。丰富多彩的体育活动营造了良好的校园体育文化环境，增强了学生热爱体育、参与体育、享受体育的意识，直接和间接参与的人数达到 1 万多人，为课余体育活动的组织方式和实现体育文化与其他校园文化相互交流与发展提供了平台。

体育文化节开幕式

英式橄榄球比赛

中国大学生
排球总决赛

大学生参加
跳远比赛

掌故十二　病床前的捐赠——体育教师颜贻梯

2014年9月26日，一场特殊的体育奖学金捐赠仪式在北京一家医院的病床前举行。西工大退休体育老教师颜贻梯在临终前捐出毕生积蓄50万元人民币，支持西工大体育教学事业，奖励品学兼优的普通学生参加体育运动。

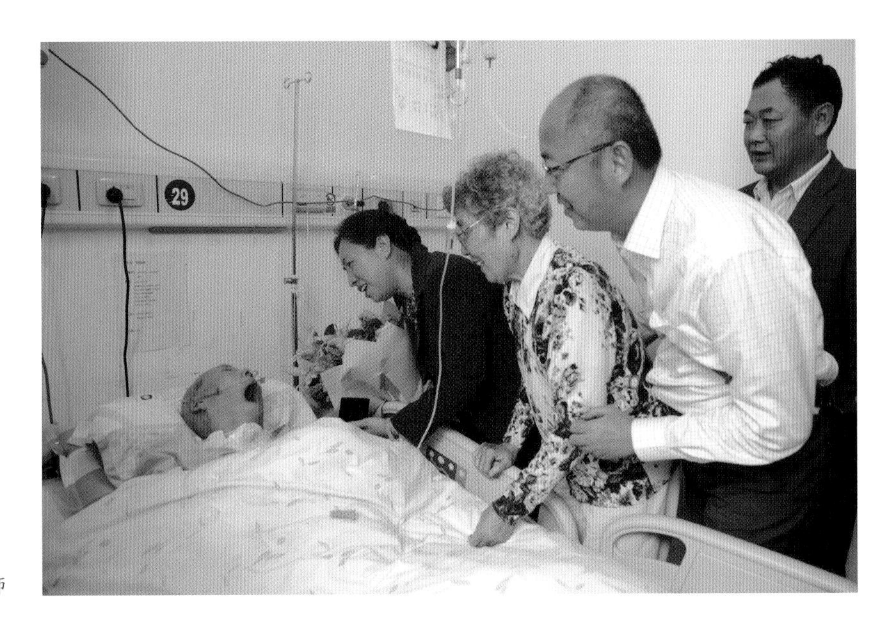

病床上的颜贻梯老师

“颜贻梯体育奖学金”捐赠仪式

颜贻梯老师是西工大一名普普通通的体育教师，1955年进入学校，1992年退休，一辈子从事体育教学和田径训练，全身心投入教学、训练和人才培养。从教37年，26年带伤工作，培养了5000余名毕业生，指导的田径队员多次获得高校运动会冠军。

退休后，老人一直关心大学生的体育素质和健康，人退休了，心还在学生身上。老伴说："老颜糊涂了，每天还要脖子上挂上哨子，要出门去给孩子上课！"看到现在大学生身体素质水平下滑，急在心里。虽然重病在医院，但是他交代老伴和孩子要把他一生的积蓄捐给学校，捐给体育教学事业，主要是奖励品学兼优的普通学生参加体育运动。

颜贻梯老先生的善举正是西工大体育精神之所在，他的捐赠数额不大，但却是老先生一生的积蓄。他弘扬了体育的教育功能，突出了体育对健全青年人格的作用，意义深远。

如今，"颜贻梯体育奖学金"每年都在资助西工大学子投身体育锻炼。每年"颜贻梯杯"篮球赛都会在校园里如火如荼地举行，100个团支部约1500名学生共同参与一场篮球联赛，至今已举办逾300场比赛，累计覆盖12 000人次。同学们以篮球的名义，用实际行动向一位体育老师致敬，他就是颜贻梯老师。

"颜贻梯杯"篮球赛宣传海报

第四届"颜贻梯杯"篮球赛

九　直挂云帆济沧海——长安校区图书馆

长安校区图书馆由同济大学建筑设计研究院设计，整个项目建筑面积为 53 631 平方米，是西北工业大学长安校区的标志性建筑，被同学们亲切地誉为亚洲最大的水上图书馆。

长安校区图书馆

“书籍是在时代的波涛中航行的思想之船，它小心翼翼地把珍贵的货物运送给一代又一代。”大学图书馆建筑是知识的承载者，犹如一座知识篆刻的历史丰碑，记录着人类文明传承、创新、发展的历史印记，在大学校园里具有举足轻重的地位。

现今西工大图书馆由友谊校区的东、西两馆和长安校区图书馆组成。从 1958 年到 2013 年，图书馆经历了半个世纪的建设，三座图书馆建筑就如同一条无形的历史文脉，贯穿着西工大校园整体的建设与发展过程。如果说友谊校区图书馆西馆满载了学校丰厚的历史积淀，友谊校区图书馆东馆让我们感受到了学校的蓬勃发展，那么长安校区图书馆代表了“双一流”建设过程中世界一流大学的文化特征，寓意着西工大扬帆起航，迎接更加辉煌的未来。

长安校区图书馆全景

西工大长安校区图书馆（建筑群）作为学校标志性建筑与重点工程，自 2009 年 8 月开工建设，历时三年多，于 2013 年 5 月 4 日开馆试运行。建成的长安校区图书馆（建筑群）位于长安校区的核心部位，是学校信息、文教、科研服务的重要基地。建筑面积 32 000 平方米，由图书馆、学生服务、会议、展览等功能空间组成，其中图书馆在建筑群的北区，共 9 层，总高约 50.70 米。

长安校区图书馆近景

西工大校歌中描述到“镂木铄金，飞天巡洋”，“三航”是融入西工大血脉的特质。长安校区图书馆从“航”字汲取设计灵感，力图创造出一种昂扬向上、鹰击长空的建筑形态。图书馆建筑形象整体面向东侧校区入口，犹如高扬的风帆，呈翱翔之势，有欲上青天揽明月之势。当你步入校园时，遥望图书馆，一种强烈的震撼油然而生，动感向上的建筑态势直接表达了西工大国防和三航文化主题。

俯瞰长安校区图书馆

长安校区图书馆坐落在启真湖畔，背依巍巍秦岭，它继承、延续和发展着优秀的中华文明，如同是远航的帆船向着希望，驶向未来。这座知识圣殿成为终南山下一颗闪耀的明珠，绽放出耀眼的光芒。

西工大长安校区山水景观园林的环境特色，塑造了优美的人文景观。人与景（校园文化陶冶情操）、人与人（交流思想）、人与书（获取知识）、人与建筑（感受建筑之美，体验舒适环境）的交互是图书馆设计中重点考虑的因素。

图书馆内设计了众多人性化的读书、学习和交流空间，同学们或环坐交流，或独处静思。拾级而上进入阅览空间，温和的阳光从顶部洒落到建筑中庭，静谧的环境中只能听见人与书进行着轻声的对话。

长安校区图书馆建筑东端主入口处引入了一个抽象的“塔”的概念，以螺旋上升的手法，每层都设置了室外观景平台，直至塔尖是整个校园的最高点。师生在读书学习的间歇，就可以登高一览校园的美景，这可以说是一大幸事。

每当夜幕降临，回望古路坝教室里那点点灯火，启真湖畔的图书馆更加灯火通明。西工大的莘莘学子在这座知识的象牙塔里为了国家的发展勤学苦读，为了西工大的腾飞孜孜以求。

长安校区图书馆（建筑群）是学校教学管理的中心区。西工大坚持立德树人、精心育才，确立了"以学生为根、以育人为本、以学者为要、以学术为魂、以责任为重"的办学理念。在长安校区的校园空间环境建设中，这一办学理念在建筑布局、部门设置当中得以集中体现。目前，长安校区图书馆（建筑群）以其区位优势、技术优势，成为校园空间的核心区。为了更好地为学生服务，学校在图书馆（建筑群）的副馆设置了学生事务大厅，将教务处、研究生院、学生处、研工部、团委、艺术教育中心等直接为学生服务的部门集中办公，为学校师生提供便捷的服务工作，践行着学校"五个以"的办学理念。同时还在建筑里设置了校史馆、科学与艺术馆、科技展馆等，让师生更加方便地感受学校的文化氛围。

图书馆中庭

图书馆阅览区

长安校区图书馆远景

南山秋色

螺旋

第二章 友谊校区校园规划

友谊校区之春

友谊校区之夏

友谊校区之秋

友谊校区之冬

一　西安航空学院校园（1955—1957 年）

1954 年，中共中央做出了沿海工厂、学校内迁的战略决策。

1955 年 5 月，高等教育部（简称“高教部”）根据中央要求，对部分高校和专业进行调整。西安是国防工业基地，其中航空工业是发展的重点之一。第二机械工业部（简称“二机部”）根据三线国防建设的需求，认为西安需要一所航空学校，与航空工业建设相配合。时任华航院长的寿松涛，高瞻远瞩、顾全大局，以国家利益为重，以非凡的胆识和气魄主动请缨西迁。

1955 年 6 月 8 日，高教部与二机部正式决定将华东航空学院迁到西安，更名为西安航空学院（简称“西航”）。

1956 年 9 月 1 日，华航师生克服了难以想象的困难胜利完成了西迁任务，学校如期开学。一座崭新的以航空为特色的国防科技高等学府——西安航空学院，屹立在了中国西部古都“西安”。

1956 年夏季招收的新生录取通知书写着“祝贺你被华东航空学院录取，请到西安航空学院报到”……当年招收的大都是苏杭、沿海一带的新生，到西航 9 月 1 日开学，1000 多名新生竟然没有一人缺席迟到。

华航整体西迁困难重重，五千多人突然要背井离乡举家迁徙到陌生的西北地区——西安市，大多数人毫无思想准备。1956 年的西安与南京差距实在太大，城墙外基本是农村，西门外太白路是“雨天泥浆路，晴天扬灰路”。西航的建设时期正值建筑业“反浪费”高潮，基建造价不高，学生宿舍房间的隔墙是芦苇泥巴结构，饭厅是临时的棚子……然而，秉持着“航空报国”的信念，华航师生胜利完成了这一壮举。华航也当之无愧是中国航空英才的摇篮，为祖国发展做出了不可磨灭的贡献！

华航建校伊始只有发动机和飞机两个系，1955 年响应号召筹备迁校，综合建设条件以及与“113”（今西安航空动力控制工程有限公司）和“114”（今中航工业庆安集团公司）两厂的区位关系，考虑将校址选择在当时西安市西南郊邻近机场，距城 1 公里、距市中心 2 公里的地方建校。该校址即现西北工业大学（友谊校区）校园所在地。

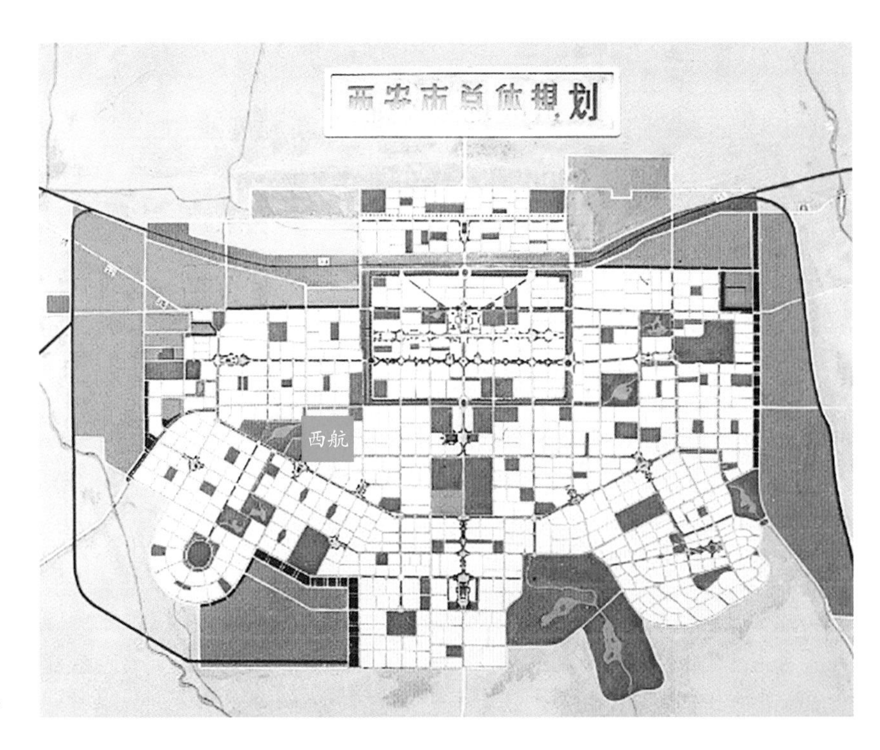

西安航空学院区位图（图中蓝色框标注）

西安老机场，又名西安西关机场，始建于1924年，位于西安市西郊安定门外，曾是我国距离城市最近的机场。它也是“西安事变”之后，蒋介石离开西安返回南京时的机场。西关机场1991年关闭，原址改建为今丰庆公园。

西安西关机场

通过了解西航的选址依据，不难发现，无论是西航还是日后的西工大都有着深厚的航空底蕴以及随之发展的航天、航海基础。长期以来，西工大的教学、科研、学科建设都以三航为特色，与西北、西南地区航空航天厂、所开展“产、学、研”合作，结合得非常紧密。

西航位于陕西省西安市南郊，属于当时西安市总体规划的文教区之一。学院占地 20.396 公顷（1 公顷 =10 000 平方米），西向及南向面临经廿二路（今劳动路）及纬七街（今友谊西路），西南角面临城市主要交通广场。城市规划要求沿街布置高层建筑，并将主要建筑面临广场，院部的北面及东面分别为北支路（今求实路）与东支路（今三航路），各宽 20 米。这两条校园内的主干路将校园划分为四个分区，各分区之间相互独立，且有围墙包围。东部之街坊为学生宿舍区，西部街坊为教学区，东北角之街坊为运动区，北面的两个街坊为眷属生活区。

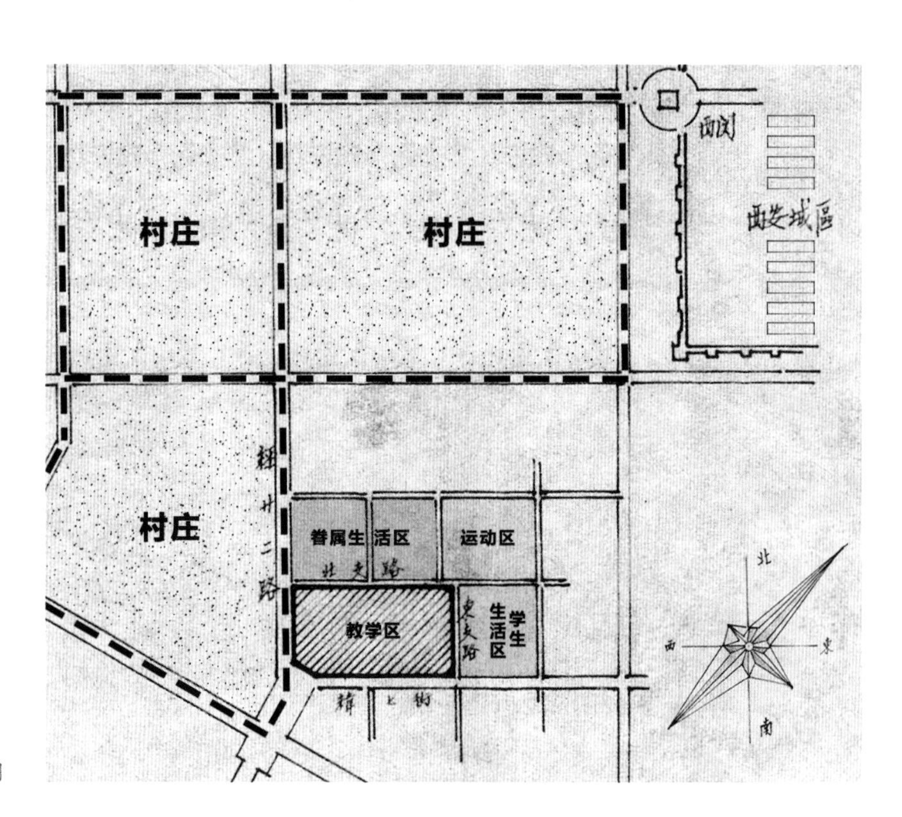

西航四大分区图

其后的西工大（友谊校区）的多版规划大体沿革了上述的功能分区，仅在用地规模与功能种类上做了扩大与丰富。而这种“街坊制”的规划格局似乎由来已久。

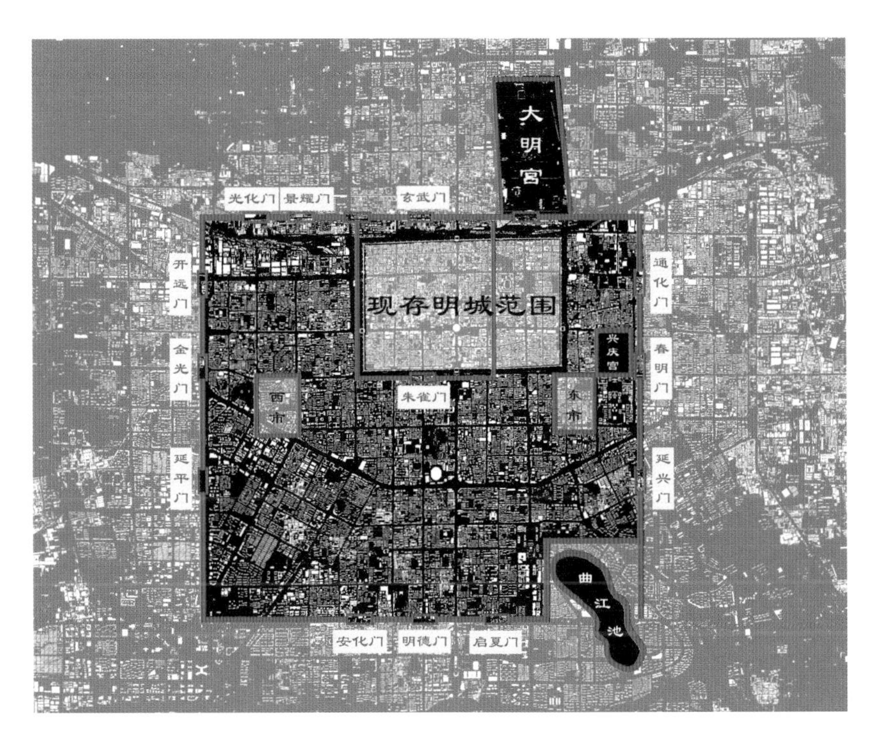

唐长安城在现在西安的位置图

西航所在的西安市古称长安，唐都长安城的规划是中国传统规划思想的集中体现。唐长安城实行里坊制，以朱雀大街为南北中轴线，街西第三列坊由北向南依次为延寿坊、光德坊、延康坊。该列坊东西长 1022 米，南北宽度不一，约 500 米。而现在西工大北院南北宽 690 米，东西长 969 米，大部分在光德坊内，北面一部分在延寿坊内；南院则在延康坊内。唐长安城内寺院众多，延寿坊有懿德寺，光德坊有胜光寺和慈悲寺，延康坊有静法寺和西明寺。西明寺在延康坊内西南方向，约为西工大南院之西南端，占有延康坊的四分之一地面，是唐长安四大寺院之一。

移步千年，学生们今天自习的教室或许就是哪位高僧法师参禅悟道之所，抑或是哪位小僧沙弥静心学法之处，时空在这里巧遇，智慧在这里碰撞。盛唐名刹佛光普照，今日校园熠熠生辉，每一位教授学者、老师学生，都在西工大这片沃土里潜心地完成着自己人生的使命，为国家建设贡献自己最大的力量。

1955 年，西航主要针对教学区进行了规划建设，行政办公楼、教学楼、实验室与实习工厂等建筑相继建成并投入使用，连接 1 号楼楼前绿地花园与主入口广场形成了教学区的景观轴线。教学区教学楼与实验楼均采用围合式布局，形成中心绿地广场，具有一定私密性。学校的整体布局堪称我

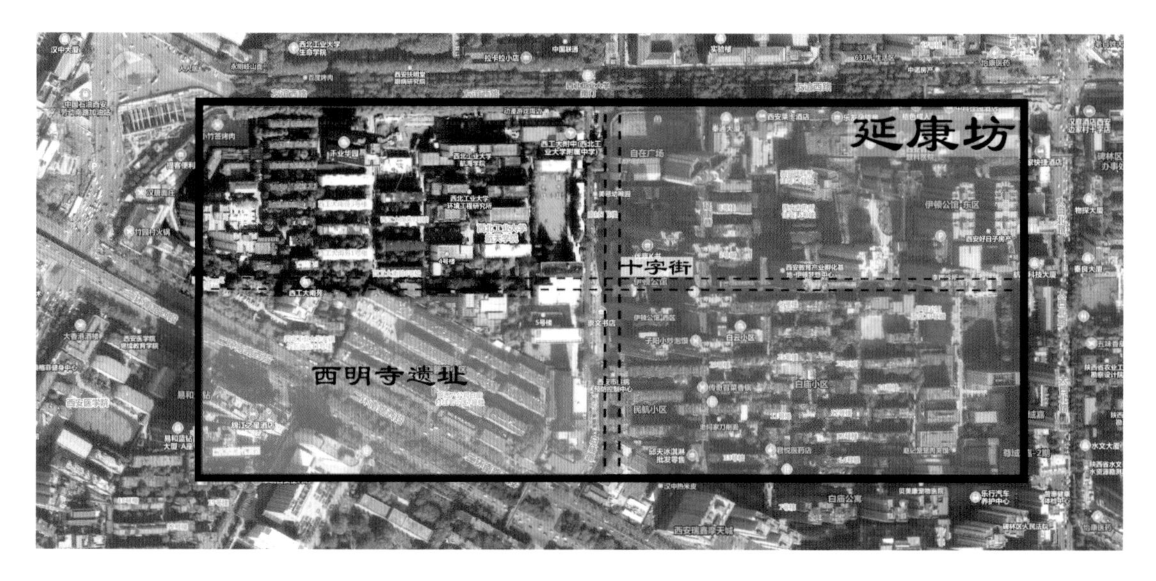

西安航空学院校址与延康坊

国平原地带的典型代表，道路铺设力求方整规则，宽敞笔直，颇具中国古代鼎盛时期的汉唐遗风。

在校园整体平面布局中，未将教学区置于平面几何中心而是置于西南角，这种布局方式在全国的高校中实属罕见。根据《西北工业大学校史》记载，“院址选在西安市西南郊边家村西缘，征地 818 亩。按照原西安市城建规划，学校与公园区相临，公园就在学校西南大门对面，仅一路之隔，坐落在环境优雅的市郊。后来西安市城建规划缩减，公园停建，致使学校大门东移，造成了不合理的布局。”同时教学区的规划布局基本是封闭的，有围墙将其包围起来，除行政办公楼为直接对外界发生关系的建筑外，其余的教学建筑，人员进出都需要出示相应证明。教学楼、实验楼、宿舍楼等都以统一代号来命名，这些特点也从一个方面充分体现了军工院校的性质。

当初校园的西南斜角所面临广场，是经廿二路（今劳动路）及纬七街（今友谊西路）50 米宽干道的汇合处，在城市规划上属于一个重要的空间节点，亦是交通枢纽点。根据城市规划要求，应面临广场布置学校的行政办公大楼，于是 1 号楼就出现在现在的位置。我们根本不曾想到，现在身处繁华喧闹市区的校园当初只是西安市西南郊一片麦田和乱坟堆，校园的建设是从人工探墓开始的。据参与校园建设的基建处老同志回忆，在建设教学楼的时候，工人与学生还会偶遇到野狼的侵扰。就是在这样艰难的条件下，广大师生白手起家，艰苦奋斗，建设起了美丽的校园。

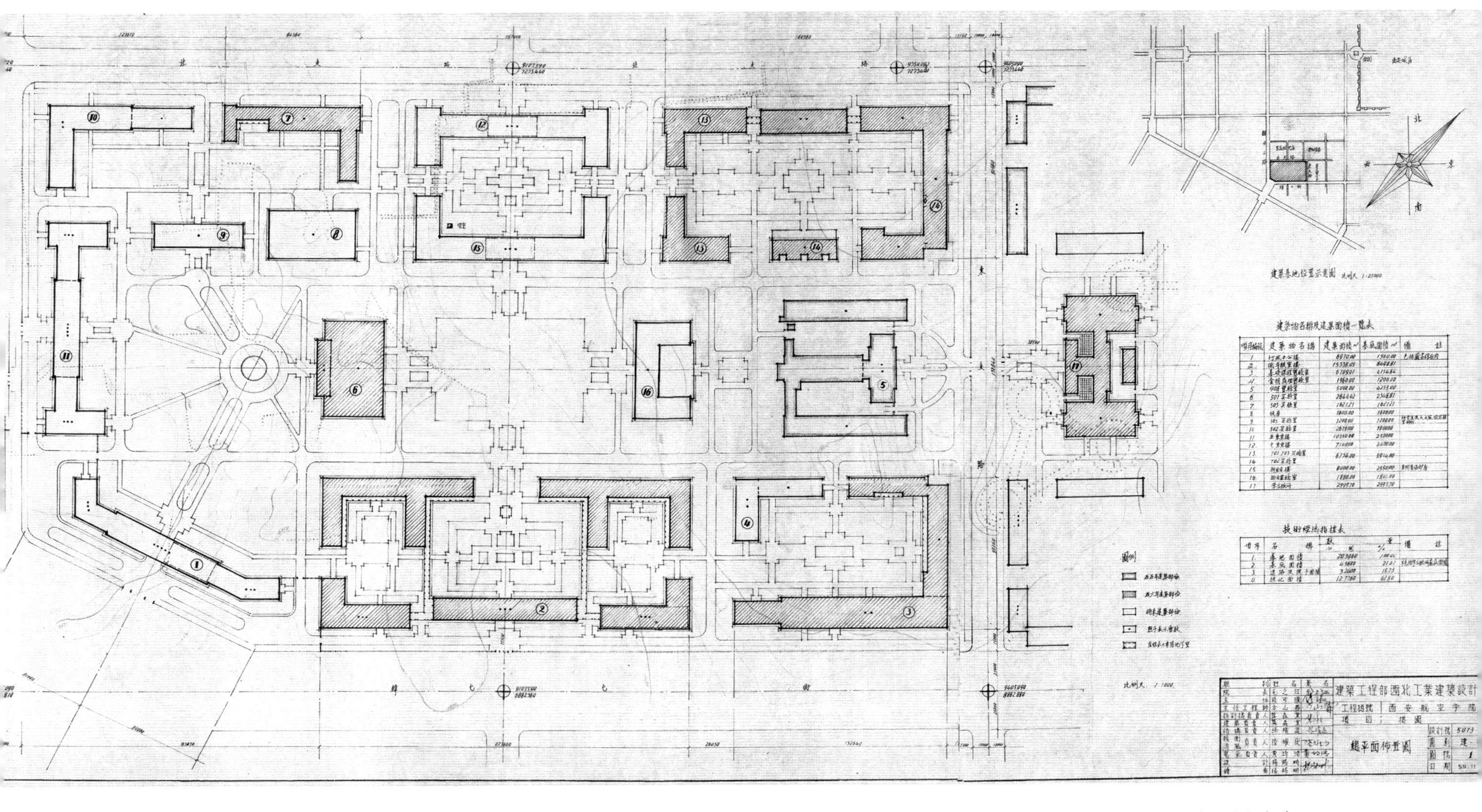

1955年西安航空学院
教学区平面图

1号楼航拍

“开辟新校园，兴办新专业，发展新事业，开拓新领域。”从华航到西航，学校的发展速度大大加快，仅仅两年的时间便奇迹般地恢复和筹建了8个专业，为学校进一步发展打下了坚实的基础。囿于当时经济限制，考虑华航西迁时间紧、任务重的现状，西航校园先期只能对教学区以及部分学生公寓进行了规划建设，以至当1956年华航师生到西安时，教师们的宿舍还在建设中，只能暂时挤在30多人的大通铺上或者在西北大学临时借宿。就是在这样艰苦的条件下，师生们义无反顾地投入到校园建设与教育教学中。这就是“热爱祖国、顾全大局、艰苦创业、献身航空”的华航西迁精神！

在全体师生的努力下，学院第一期工程基建面积64 916平方米，有东、西平大教室（现在东馆和西馆），东、西小教室楼（即教学东楼和教学西楼，现在行政办公楼B座和生命学院楼），实习工厂，1～9号学生宿舍，南、北学生饭厅，南村教职工宿舍。到1957年10月，又相继完成阶梯教室和小教室中楼（即教学中楼，现行政办公楼A座）各1栋，实验室10座，风雨操场1座，学生宿舍楼4幢等，前后共完成基建面积91 641平方米，总投资达690万元。1957年暑假，北村教职员工宿舍6幢也接近完工。自此，西航校园功能齐备，初具规模，也为日后西工大校园的建设与发展奠定了良好的基础。

西安航空学院初建时期的教学区

西安航空学院初建时期的宿舍区

西航校区的建设直接支撑了学校的发展。学校在国家的大力支持下，设备经费年均达到 106 万元。仅 1956 年一年教师总人数增加 132 名，全校教师总人数达到 329 名。学校各项事业得到国家和陕西省、西安市的全力支持，全院师生感受到了支援大西北的光荣与骄傲，学院各项事业得到蓬勃发展。

20 世纪 70 年代末西平教室一角

昔日阶梯教室

学生在课间交流

1957 年学生在组装滑翔机

1957 年学生在开展航模科普

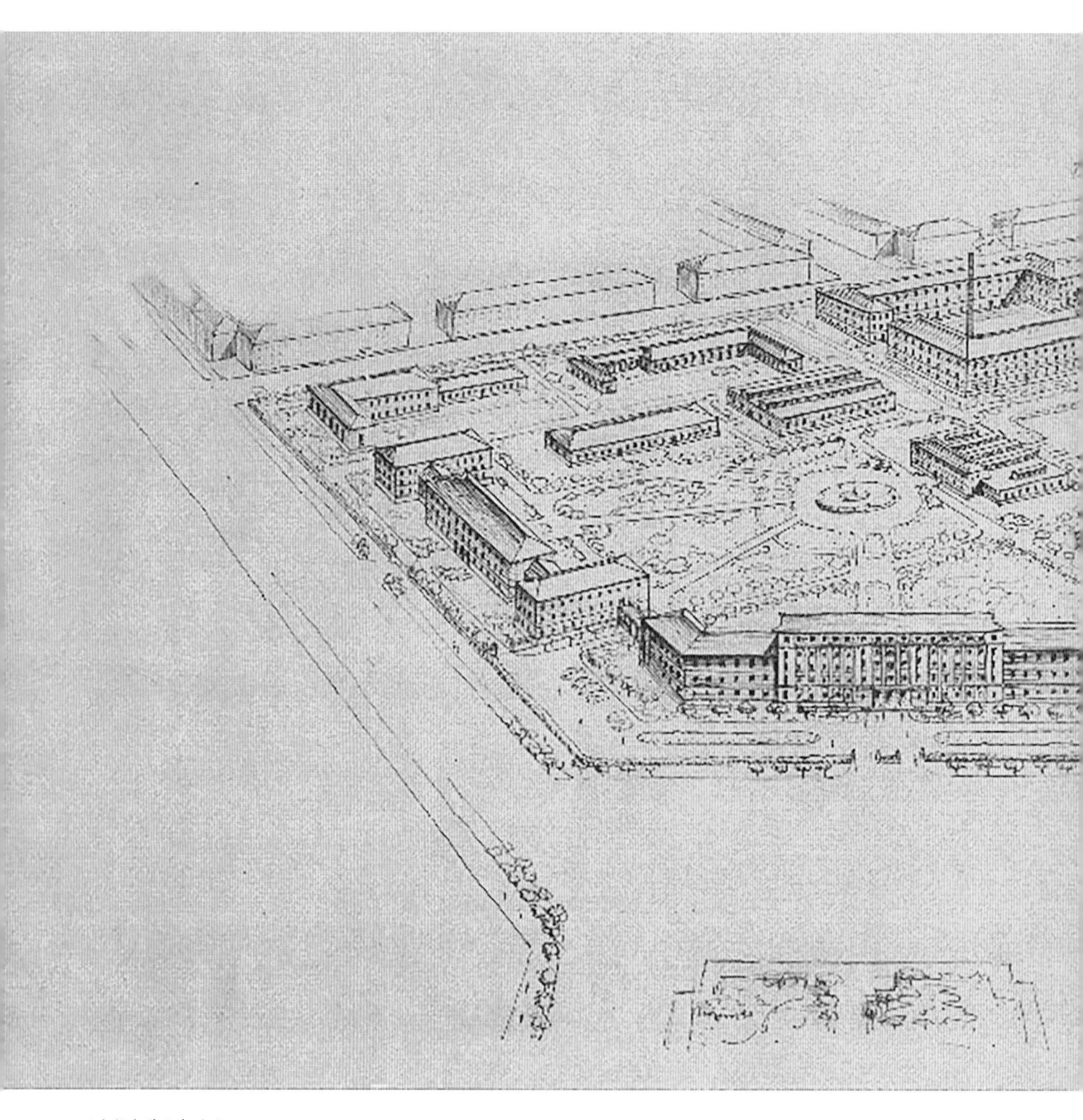

西安航空学院鸟瞰图

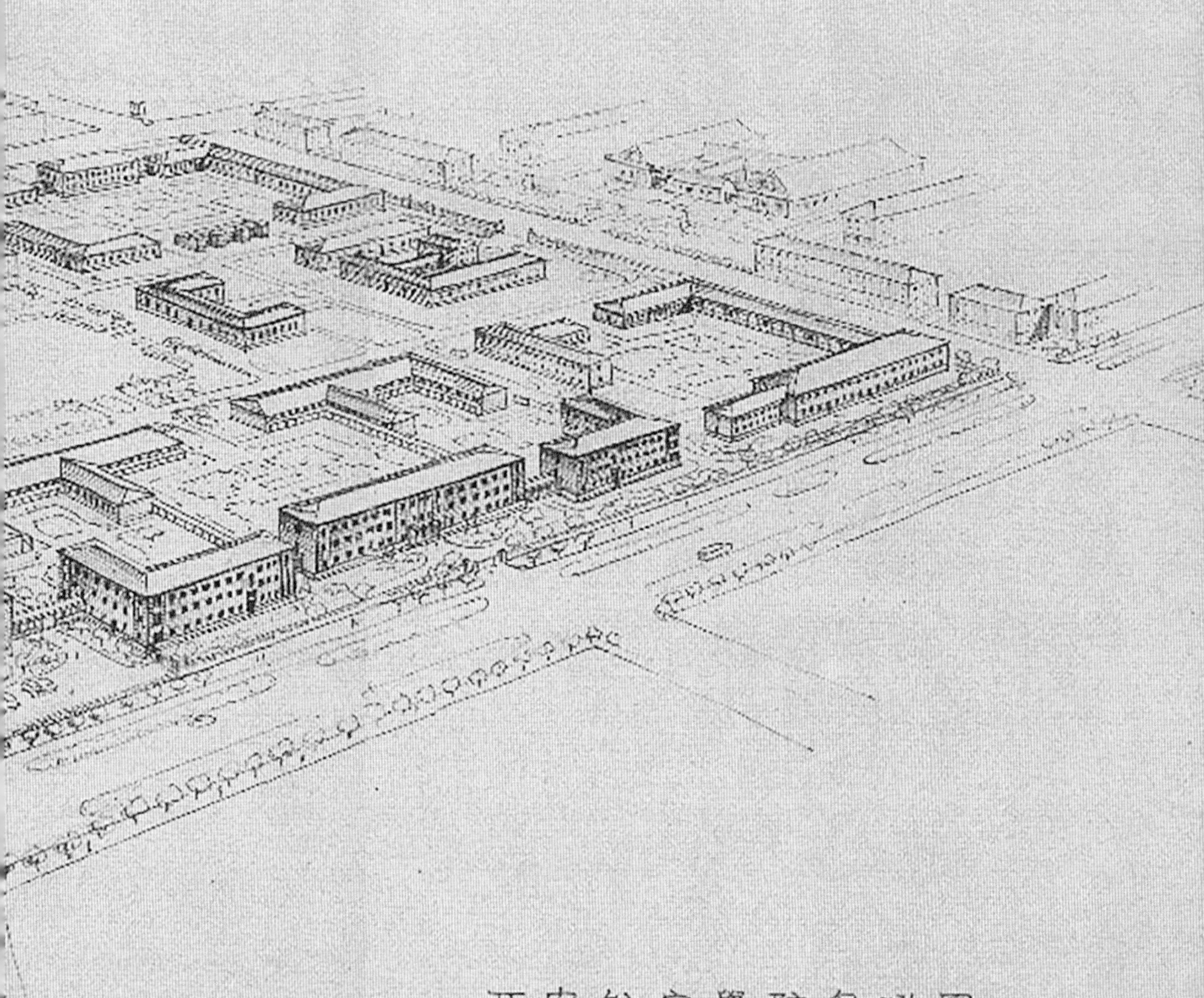

西安航空學院鳥瞰圖

二　西北工业大学校园雏形期（1957—1985年）

1957年10月5日，根据国务院决定，西北工学院与西安航空学院合并，正式成立西北工业大学。西北工学院由咸阳迁至西安，在西航原址上共建新校。从1958年到1960年，西工大已经有9个系39个专业。1970年，哈尔滨工程学院航空工程系整建制并入西工大。两校一系的合并，使西工大名师荟萃、俊彦云集，每一次合并带来的都是学校实力的提升。西工大进入了新的发展时期。

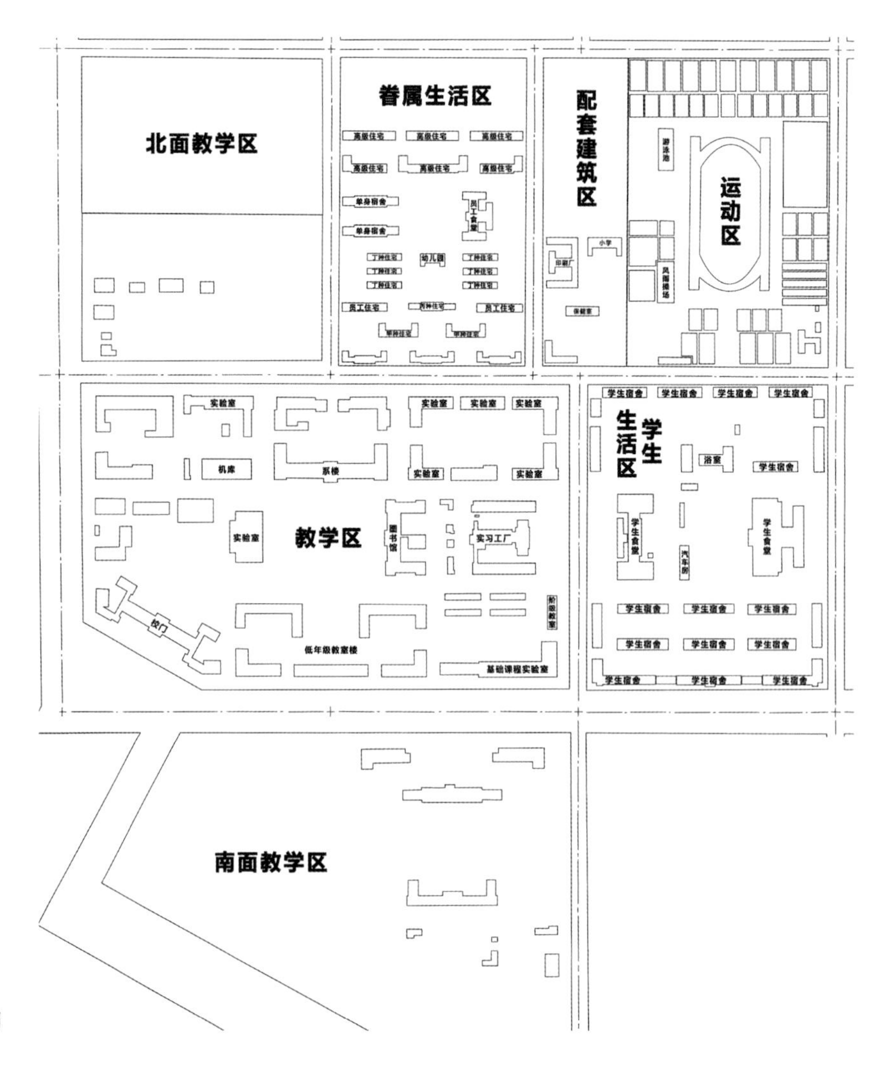

1957年校园规划平面图

1957 年 8 月 12 日，西工大筹委会整合两校的基建力量成立西工大基建办公室。1957 年学校占有土地 818 亩，校舍 91 641 平方米。1959—1960 年间，为了适应学校大发展的需要，学校先后两次征地 438.21 亩。1961 年，学校贯彻中央“八字方针”压缩基建规模，将征而未用的土地 292.21 亩退还后，共占有土地 976.54 亩，比建设之初增加了 158.54 亩。从 1957 年到 1965 年，完成基建面积 215 900 平方米，其中教学、科研、生产用房占 51.3%，学生宿舍占 25.6%，教职工住宅占 15.9%，基建投资 2279 万元。为了加快建设速度，1959 年后的基建项目全部由学校基建办公室组织技术力量自行设计，其中主要项目有 1 号教学楼、图书馆、学生新饭厅、教职工宿舍、学生宿舍等。自行设计贯彻了经济、实用、美观的原则，为学校节省了大量建设经费。

20 世纪 50 年代末 60 年代初，全校师生斗志昂扬、如火如荼地建设校园时，正是国家三年困难时期，那时物资极度缺乏，校园的项目建设进度非常缓慢。即便如此，在“勤俭建国，勤俭办校”方针的指导下，师生们亦工亦学，怀揣着建设美好校园的热情，用自己的汗水与劳动，将校园规划逐项落实。

20 世纪 60 年代学生在参加校园建设劳动

建校劳动场面

西工大的校园建设初期大致分为两期进行，二期工程在师生的义务劳动辅助下，不到一年便完成了。那时的师生，上午完成教学与学习任务，下午便参与劳动，周日也不休息。师生的建校热情感染了每一位工作者，大家齐心协力为全校铺设了水泥路，盖了饭厅、澡堂，建成了大操场，生活条件得到了改善。据校史记载，在校的四个年级的学生每人参加 1 ~ 2 周的勤工助学劳动，累计 3 万多个劳动日，参加学校各类工程建设是其中重要的内容。学校将学生勤工俭学的情况，写成《勤工俭学在西北工业大学》，由刘海滨书记在中共八大二次会议上作书面发言，并在《人民日报》刊登。

较之前的规划，1957 年的校园规划扩大了用地范围，将今天友谊西路以南的一片用地划为校园用地（西工大南苑）。整个校园功能分区明确，共分为七个功能区：教学区、南面教学区、北面教学区、学生生活区、眷属生活区、运动区和配套建筑区。北面教学区与南面教学区相对独立，建筑密度较小，仍留有大片规划发展用地。这样的分区基本为后面的多版规划所沿用，只是在具体功能上进行合理化调整。

在 1957 年建设规划中，南面教学区仅仅建设了少量建筑，分别为二系楼（原机械系）、20 号楼、29 号楼、802 号楼以及 802 号楼南部五座小型建筑物。其中，29 号楼建设之初作为附中教学楼使用，802 号楼南部五座小型建筑物主要为水洞实验室、锅炉房、仓库等附属用途建筑。该阶段南苑处于建设初期，仅有教学功能。

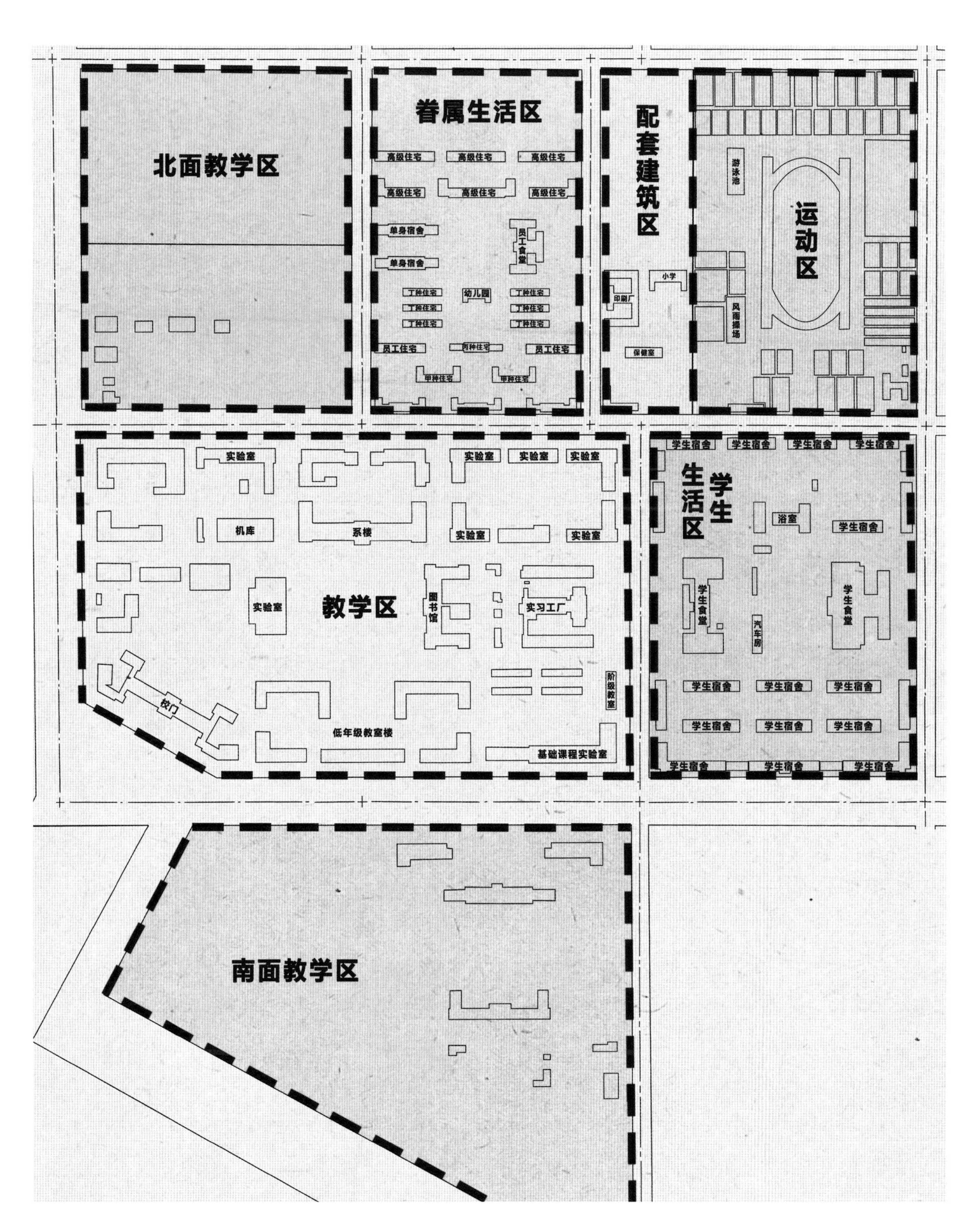

1957 年校园功能分区

图书馆

1. 教学区

教学区作为校园规划的核心区，教学楼与实验楼均采用围合式布局。学校组织技术力量自行设计的图书馆位于教学区的主轴线上，以经济、实用、美观的原则建造的图书馆成为日后西工大的奠基之作。这座考究的建筑及其面前的广场花园组成教学区新的核心。

1957—1965 年间学校实验室建设经历了初创奠基和充实提高两个阶段，形成了一套为教学、科研服务的综合实验基地。实验室数量从 1957 年的 22 个，增长到 1965 年的 48 个。其中重点建设的风洞实验室、发动机试车台都是在 1958—1960 年期间陆续完成的基建项目。飞机结构强度实验室、机械原理和机械零件实验室、材料力学实验室等相继建成。

今天图书馆东馆所在位置以前一直都是实习工厂，当时建筑面积 4750 平方米，职工达到 267 人，主要机器设备 80 多台，承担了学生金属工学的教学实习任务。据统计，从 1958 年到 1965 年，先后到工厂进行金工实习的学生达到 7400 多人，累计完成产值 540 多万元，1959 年完成最高产值 200 万元。

1966 年开始，校园建设也基本处于停滞状态。但是广大教师与科研人员凭着对国防建设和科学事业的高度责任感，坚守科研岗位，在艰难曲折中进行研究工作，取得了一系列令人瞩目的成绩。

1957 年西北工业大学实习工厂

党的十一届三中全会以后，西工大作为国家重点大学，在国家建设资金原本就比较紧张的条件下，得到了较多的资助。学校落实了党的干部政策和知识分子政策，逐步恢复了正常的教学秩序。1977 年恢复高考招生，学校在此基础上努力提高教学质量，广泛开展教学研究和学术交流，根据国民经济建设需要调整专业，进行多种形式、多种规格办学，同时加强后勤工作和基本建设，各项工作稳步发展。

1984 年 2 月，学校党委根据航空工业部提出的“把制定 1984—1990 年 7 年发展规划作为当年重点工作之一”的要求，经过认真的讨论和征求意见，提出《西北工业大学 7 年（1984—1990）发展规划》。规划明确了学校发展的目标是：以提高为重点，以改革为动力，把学校办成以工为主，工、理、管、文相结合的第一流综合性大学，位列全国重点大学前列。

20 世纪 80 年代的校门

20世纪80年代校园俯瞰

1978—1985年，为了适应学校的发展需求，学校撤销校务部领导的工程组，成立基建处，一批重点建设工程陆续开工建设。在时间紧、任务重、材料紧张的情况下，基建处同志们四处奔波求援，深入工地苦干，想方设法改进管理，精打细算节省财务，顺利完成了航海工程系大楼、培训中心大楼、协作中心大楼、研究生宿舍楼、宾馆等建筑工程。其中1980年动工，1982年底竣工的基础课大楼，主体建筑7层，建筑面积1.548万平方米，建筑工期仅用32个月，项目优良率88%，大大超过国家建委的指标。为此航空工业部在西工大召开全国部属61个大型厂所院校代表参加的现场会，互相交流学习取经。

20世纪80年代学生在基础课楼上大学物理课

松风园

松风园位于1号教学楼(公字楼)前,1号教学楼始建于20世纪60年代,同老图书馆(图书馆西馆)、12号楼(诚字楼)等一起作为西工大自行设计建造的奠基之作。松风园,顾名思义以广场内植有松树林为名。雪松树体高大,树形优美,最适宜孤植于草坪中央、建筑前庭中心、广场中心或主要建筑物的两旁及园门的入口等处。

松风园

松风园中的雕塑

2. 学生生活区

学生生活区位于校园东南角，西邻教学区，北邻运动场，呈大围合小排列式的空间布局。生活区设有餐厅、浴室、缝纫理发等公共配套设施以及广场绿地等开敞空间，分布在生活区的中心位置，新旧餐厅相对而置，中间为广场（当时还未建设，只是一片空地，利用率较低）。学生活动主要集中在北边的运动区。宿舍楼共 20 栋，均为四层，沿今三航路与求实路分布于生活区外围。其中北侧有 1 ~ 9 号宿舍楼，南侧共 11 栋围合布置。

1956 年华航西迁后，学校食堂由包伙制改为食堂制。当时员工食堂的房子还没盖好，用的是临时草棚。草棚食堂里配备了最好的大师傅，主、副食可任选。此外，西工大的包子由南京来的大师傅精心调制而成，深受师生员工喜爱，以至于满城皆知，位置就在西工大附小旁，当年挂着块“粮店小吃部”的牌子，每到中午、下午，店门口人来人往，络绎不绝。当时点菜是要到柜台开票的，票 1 寸（1 寸≈ 3.333 厘米）左右的样子，有红票、蓝票、白票，红票是包子，蓝票是凉皮，白票为稀饭。包子有大肉馅、韭菜鸡蛋、豆沙等。正宗的西工大包子出自哪家，如今已难考证，据说当时只要打着西工大包子品牌的，无论真假，销路都很好。

昔日员工灶（1978 年 5 月）

昔日员工灶（1978 年 3 月）

20 世纪 80 年代学生食堂

3. 教工住宅区

随着学校规模的扩大，教职工人数也随之增加。为满足其生活需求，学校于校园北部规划家属区，呈中轴对称式布局，共有 7 种住宅形式。由南向北依次为乙种住宅、甲种住宅、员工住宅、丙种住宅、丁种住宅、单身宿舍、高级住宅。

甲种住宅共两栋楼，乙种住宅共三栋楼，建筑形式为“凹”字形，相互错落，呈大排列、小围合布局。乙种住宅沿今求实路布置，充分满足日照、通风需求。丙种住宅仅一栋，其东西两侧为员工住宅。丁种住宅共有六栋，位于幼儿园东、西两侧，南北方向共三排，整体规则有序。单身宿舍共两栋，位于家属区西侧，和东侧的员工食堂相望，中间形成开敞空间。北侧是三栋高级住宅，呈东西向排列，是西工大为吸引高级人才而准备的。

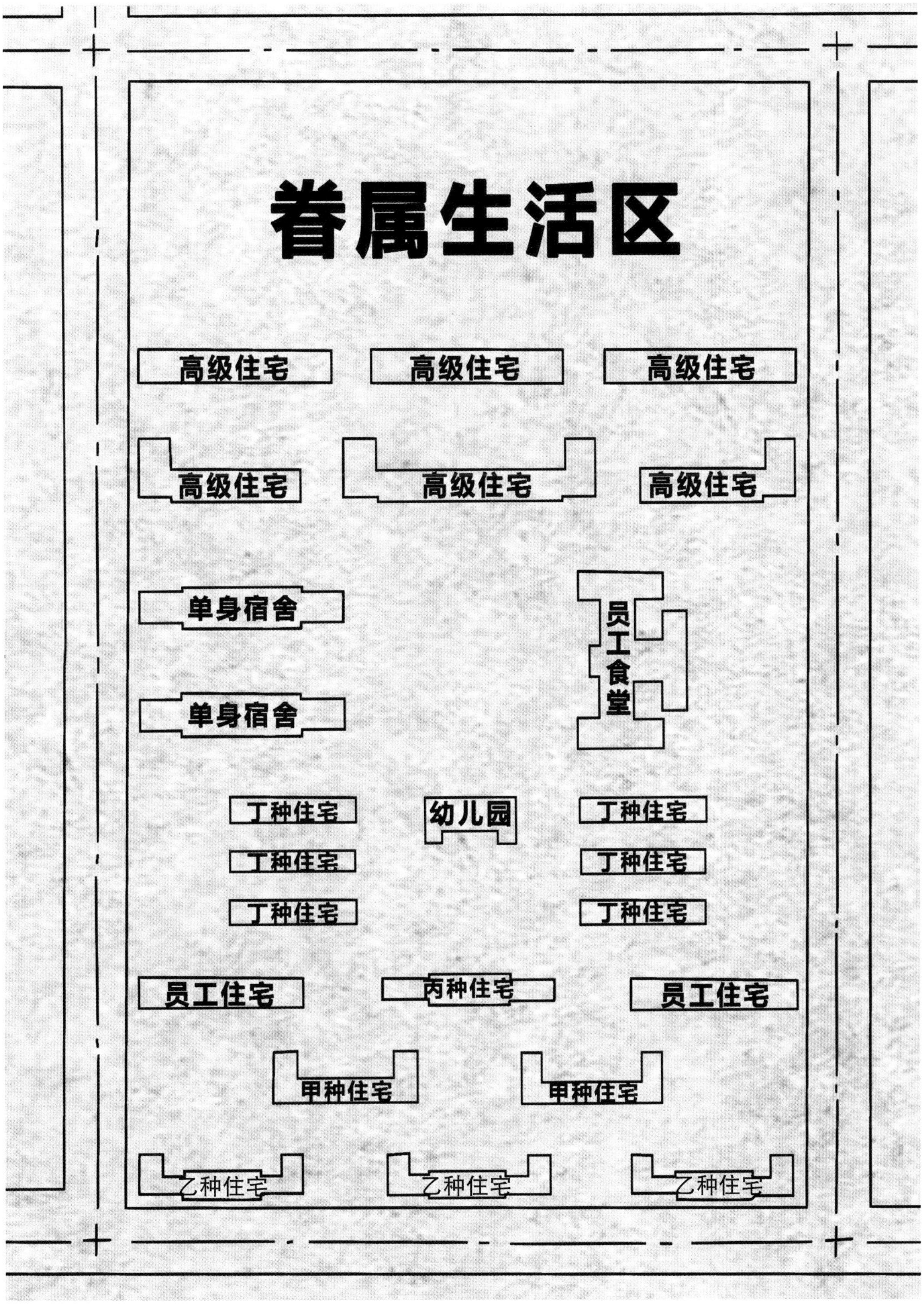

眷属生活区

高级住宅
高级住宅
高级住宅
高级住宅
高级住宅
高级住宅
单身宿舍
员工食堂
单身宿舍
丁种住宅
幼儿园
丁种住宅
丁种住宅
丁种住宅
丁种住宅
丁种住宅
员工住宅
丙种住宅
员工住宅
甲种住宅
甲种住宅
乙种住宅
乙种住宅
乙种住宅

眷属生活区

校园北面教学区的西北角有一片水域，师生们给它取了一个很好听的名字——西湖。西湖虽不能和杭州西湖相媲美，但在校园里的确是风景秀丽。尤其在那个“单调”的年代，西湖极大地丰富了师生们的课余生活，给予了西工大人别样的时光和美好的回忆。说起西湖，它不仅提供美景，而且还提供美食。在 20 世纪 60 年代，全国上下经济困难，物资匮乏，学校老师教学任务繁重，且要承担一定的建设任务，身体更是吃不消。据师生们回忆，学校在西湖里养了肥美的鱼儿，可以改善师生的伙食。等到周末，三五个老师便约伴一同去钓鱼，回家便是美餐一顿。西湖已成为一代西工大师生心中永远的记忆。

西湖

幼儿园位于家属区的中心，建于 20 世纪 50 年代末，最初是为了解决西工大教职工子弟入学问题。小学位于印刷厂东侧，校园环境优美，教学设施较为先进。办学初期，师资力量短缺，教师大部分由职工家属担任。如今幼儿园、小学充分利用优质教育资源，已经发展成为全国具有影响力的学校，很好地解决了西工大教师子女教育问题，更为陕西的基础教育做出了巨大贡献。

20 世纪 80 年代校幼儿园一瞥

今日幼儿园

4. 运动区

运动区位于校园东北片区，规划建设于1957年，占地约为9.25公顷，建设有1个400米标准半圆式田径场、16个篮球场、24个羽毛球场、8个乒乓球场、1个风雨操场、1个游泳池以及部分体育教育科研场所。

新建球场，这个名字你或许不熟悉，但它的另一个名字却是如雷贯耳——灯光球场。这个四面围有看台的三合土场地成了20世纪70年代以来校园里最具活力的运动场区，不论是排球赛还是篮球赛，都是一片挥汗如雨、人声鼎沸、热闹非凡的场面。不仅如此，学校的文艺汇演、歌咏比赛等都在这里举行，周末的晚上它又成为露天电影院，为丰富师生文化生活做出了贡献。时间走到2005年，学校在这里修建了现代化的训练馆，定名为翱翔训练馆。

20世纪80年代
西工大体育场

20世纪70年代女子篮球赛

20世纪70年代灯光球场一角

1986年7月14日，第四届全国大学生“兴华杯”排球邀请赛在西工大落下帷幕。西工大男排在12个省市和香港特别行政区共19所高校的26支队伍中脱颖而出，获得亚军。从1987年以后，该队在“兴华杯”大学生排球赛中多次夺冠，并晋升为国家甲级队，成为全国大学生唯一一支国家甲级队。

第四届“兴华杯”排球赛场面

校男排获第五届“兴华杯”冠军

西工大田径场是400米标准半圆式田径场。1958年4月，在田径场举行了第一届体育运动大会。

游泳池占地1144平方米，建于20世纪70年代。西工大泳池在当时的西安市可谓是设施条件最好的泳池之一，配备有水循环系统。当时拥有该系统的游泳池在西安市不超过三所。

1958年4月，西工大第一届运动会五系运动员与校领导合影

20世纪70年代校运会入场式

第十五届校运会开幕式

第十七届校运会开幕式

20 世纪 70 年代校游泳池一角

三　西北工业大学校园成熟期
（1985—1995年）

1985年1月24日，国家计划委员会、教育部、国防科工委联合发出《关于将西北工业大学列为国家重点建设项目的通知》（计文〔1985〕142号）。通知指出："为了更好地培养国防科技人才，加速国防科学技术和国防工业的发展，经国务院批准，同意将西工大列为国家建设项目。所需基本建设投资，在国防科研、工业基本建设投资中统筹解决……有关用地、设计、施工等问题，请陕西省、西安市人民政府按加速建设的要求予以协助……"在国家科教兴国战略、人才强国战略的支持下，这为学校的建设与发展提供了极好的发展机遇，更好地改善了办学与科研条件，学校对校园规划进行了新的调整和发展。

20世纪80年代友谊校区学校大门

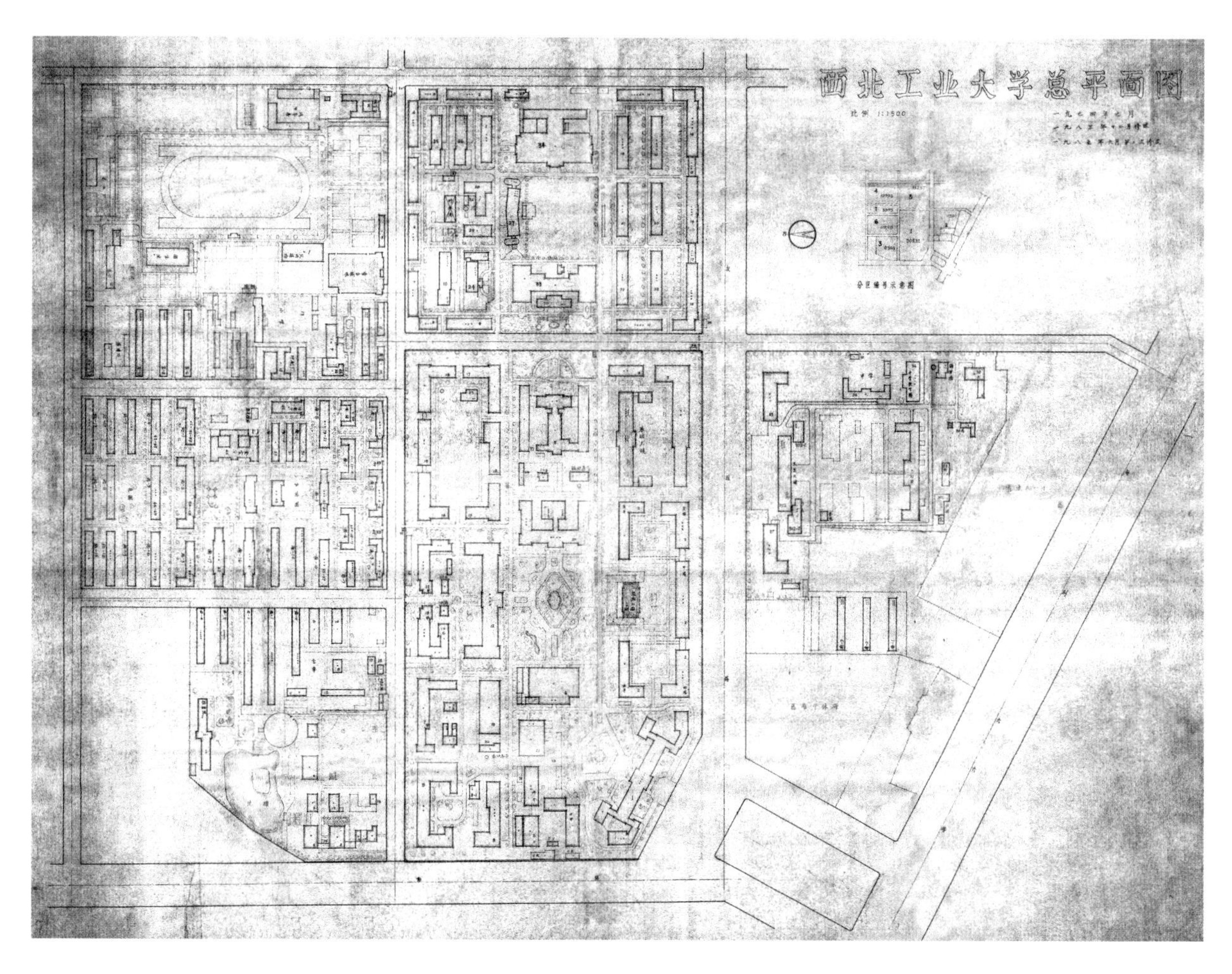

1985 年校园总平面图

1985 年 1 月，航空工业部发出《关于下达西北工业大学扩建计划任务书的通知》（航计函〔1985〕60 号）。《通知》进一步明确了校园建设要求、主要控制指标。学校根据此通知对校园规划进行了调整。

教学核心区是以 1 号楼（现“公字楼”）、图书馆、12 号楼（现“诚字楼”）等一批建筑为主形成的建筑群。从东一门和东二门各自贯通出一条东西向的道路，分别为今教学南路与教学北路。主要教学楼分布在教学南路和教学北路。教学南路南侧自东向西分别为基础课大楼（现“毅字楼”）建筑群和科研大楼（现“勇字楼”）建筑群，主要作教学科研之用；教学南路与教学北路之间便是图书馆西馆与桃李园以及专业实验室；教学北路北侧是 12 号楼建筑群。

由城市级干道与校园主体分隔开的南苑教学区增加了西北工业大学附属中学，功能更加丰富。临街一侧，七层的大楼作为航海系的主要办公教学楼格外引人瞩目。

学生生活区位于教学区东侧。生活区内有两条支路，分别是英才路与迎宾路，把生活区划分为三部分。英才路南一侧是整齐排列的学生宿舍区，规划 11 栋宿舍楼，呈三排围合布置；英才路和迎宾路围合形成以东方红广场和爱生舞台为主的开敞空间，广场东西两侧为学生餐厅；迎宾路北侧则是宿舍以及相关配套设施，呈院落式布局，浴室、理发店、便利店等服务型商店布在院落南侧。

学生生活区西侧为如今的三航路，是校园主干道之一。路两侧植满梧桐，作为校园主入口的主景观道路，夏日绿荫，秋日金黄，承载了太多人的美好记忆。这条道路一定程度上已成为西北工业大学的象征。值得一提的是，这些梧桐树是建校之初从南京带来的，当时师生亲手将小树苗植满校园。十年树木，百年树人。梧桐树荫蔽着三航路，来来往往熙熙攘攘的师生将树影剪切成婆娑美景，形成工大校园别具一格的人文景点，为工大校友留存了青春的记忆。

东方红广场在西工大校园可谓人尽皆知，仅是这个富有年代感的名字便足以体现岁月在它身上的沉淀。在 20 世纪 50 年代，东方红广场还曾是尘土飞扬，一片空地。六七十年代，东方红广场建成之初是学校放电影和举行重大活动的场所。到 80 年代，西工大无人机研究所捐赠建成北端的爱生舞台，东方红广场承担起能够容纳数千师生集会的重任。

家属区相较于上一版规划，有了较大改变，占地面积扩大，分为东村、西村、南村、北村。东村位于体育馆的西北方向，布局有 7 栋楼，依次由南向北分布，均为 5 ~ 6 层。西村位于校医院和西湖的东侧，共有 5 栋家属楼，分别为 0 ~ 4 号楼，均为 5 层。南村位于 1957 版规划家属区部分，共 15 栋家属楼，除了部分建筑有所变化外，基本和 1957 版相同。南村以由南向北、由东向西的方式编号命名。新建家属楼南 -15，南 -7 均为 5 层。北村位于南村北侧，原为高级住宅和员工住宅区，规划向北扩建，整体东西对称，共有 14 栋家属楼，1 ~ 5 号为 3 层，其余均为 4 层。为了给老师们营造良好的生活休息环境，学校在北村中心建设了花园，命名为“香蜜园”。

北村 1 号楼

北村 2 号楼

北村 3 号楼

1987 年 5 月香蜜园一角

香蜜园

香蜜园位于家属区中心，幼儿园北侧。经过 30 年的持续建设与完善，家属区已经日臻成熟，香蜜园恰是教职工尤其是离退休教职工的休闲好去处。周末闲暇时，大家总喜欢去那里坐一坐，或锻炼身体，或赏花下棋。老师们常常围坐在一起，谈人生谈理想，季文美先生和胡沛泉先生就经常在这里谈一谈教学方法，辩一辩哲学问题。夕阳西下，孩子们在一旁嬉戏玩闹，花园里充满了欢声笑语。

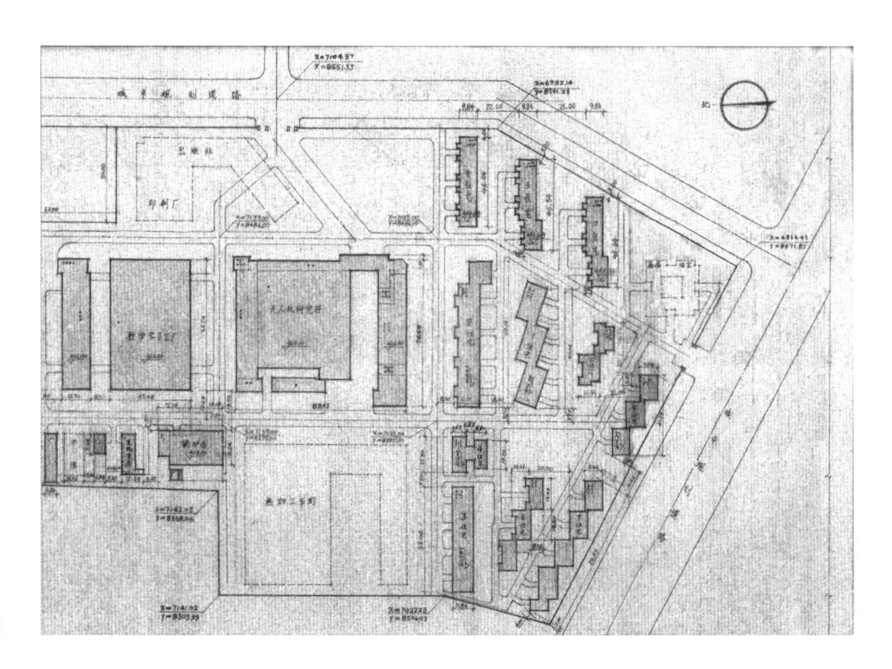

西苑平面图

在 1987 年建设规划中，明确提出了西苑校区的建设。当时，西工大校区位于友谊西路两侧，在校园不断发展的过程中，布局不合理的问题逐渐暴露出来。当时生产实习工厂位于北苑横向中轴线上，为了减少工厂对校园的影响，在 1987 年规划中，学校决定将生产实习工厂和无人机研究所生产厂房等单位分期分批迁出。近期先搬迁机械加工教学实习生产厂房，配套动力设施及相应的部分宿舍。远期将无人机所、教育实习工厂、出版社印刷厂等迁入西苑。

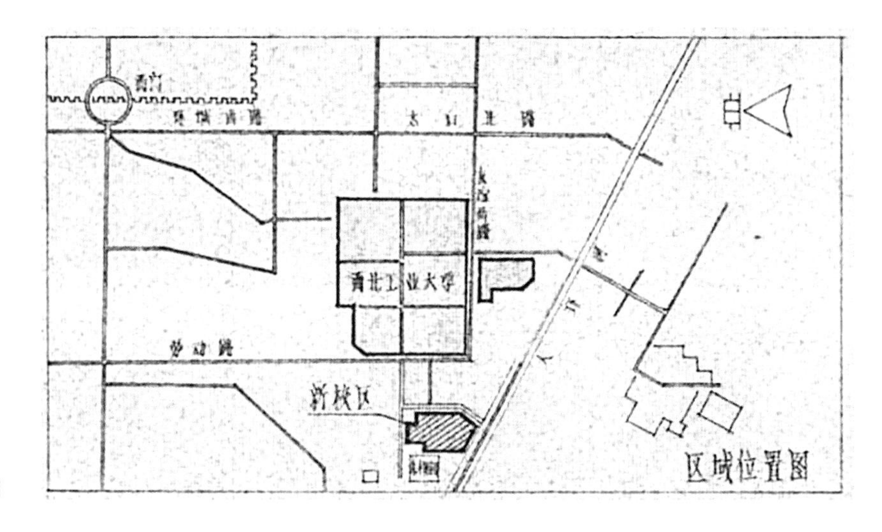

西苑区位图

西苑校区东、南、北均为新规划城市道路。西苑校区内部分为南、北二区，北面为生产区（实习工厂），占地 4.8 公顷，南面为生活区（宿舍），占地 2.6 公顷，中间以绿化带相隔。

西苑生活区南临城市干线，沿城市道路规划了 4 栋高层住宅及 5 栋多层住宅，约 5 万平方米。同时，在生活区内设置了幼儿园与职工食堂，其中幼儿园位于南面生活区中部，职工食堂位于南面生活区西北角，与北面实习工厂区相接。

西苑校区生产区干道采用城市型双面坡混凝土路面，路宽 6 米；生活区主干道采用城市型单面坡混凝土路面，路宽 4 米。

1995 年基建处进行了已建房屋统计，其中西苑在 1987 年规划的基础上新建了部分建筑，包括了无人机研究所以及部分新的居住建筑。这个时期西苑依然由北面的实习工厂区（生产区）以及南面的生活区（宿舍区）组成。北面实习工厂区由机械加工教学实习生产厂房、锅炉房、变电站以及水泵房构成。同时，在机械加工教学实习生产厂房的正南侧新建了无人机研究所。无人机研究所位于整个西苑中部，南侧与西苑南面宿舍区相接。规划在无人机研究所西侧建设热加工车间，在无人机研究所东侧与城市道路之间建设出版社和印刷厂。

南面生活区也进行了新的规划建设，至 1995 年，南面生活区已经建设住宅 11 栋并规划新建高层住宅 1 栋。南面生活区住宅布局形式为行列式布局，在 5 号住宅与新规划住宅间有一处开口。在这个阶段，西苑的主要出入口为东侧出入口。

西苑校区的建设，一方面极大改善了学校教职员工生活条件，使得教师能够安居乐业，进一步激发和调动干事创业的积极性，另一方面为西工大无人机事业的腾飞与发展奠定了坚实的基础。1984 年 11 月，西工大无人机研究所成立，1995 年被国务院发展研究中心确认为中国最大的无人机科研生产基地，并入选“中华之最”。西工大在无人机总体设计、动力装置、飞行控制、导航与制导、发射回收、系统集成、飞行试验等领域积累了丰富的经验，掌握了核心技术；在无人机总体设计、气动布局、先进复合材料结构设计、发射与回收等方面拥有很强的实力，处于国内领先地位，达到国际先进水平。

20 世纪 80 年代无人机
研究所大楼

四　西北工业大学友谊校区

（1995—2018 年）

1996 年 9 月，西工大通过了“211 工程”建设项目可行性研究报告的评审，成为首批进入国家“211 工程”建设的 22 所重点高校之一。2002 年，委部省市（国防科工委、教育部、陕西省、西安市）四方重点共建西工大协议签署，西工大迈入“985 工程”建设行列，这是西工大发展史上又一具有里程碑意义的大事。四方共建协议签署后，学校完成了长安校区的选址，确定了建设“山水园林式”的长安校区和“都市花园型”的友谊校区的新世纪校园整体规划。

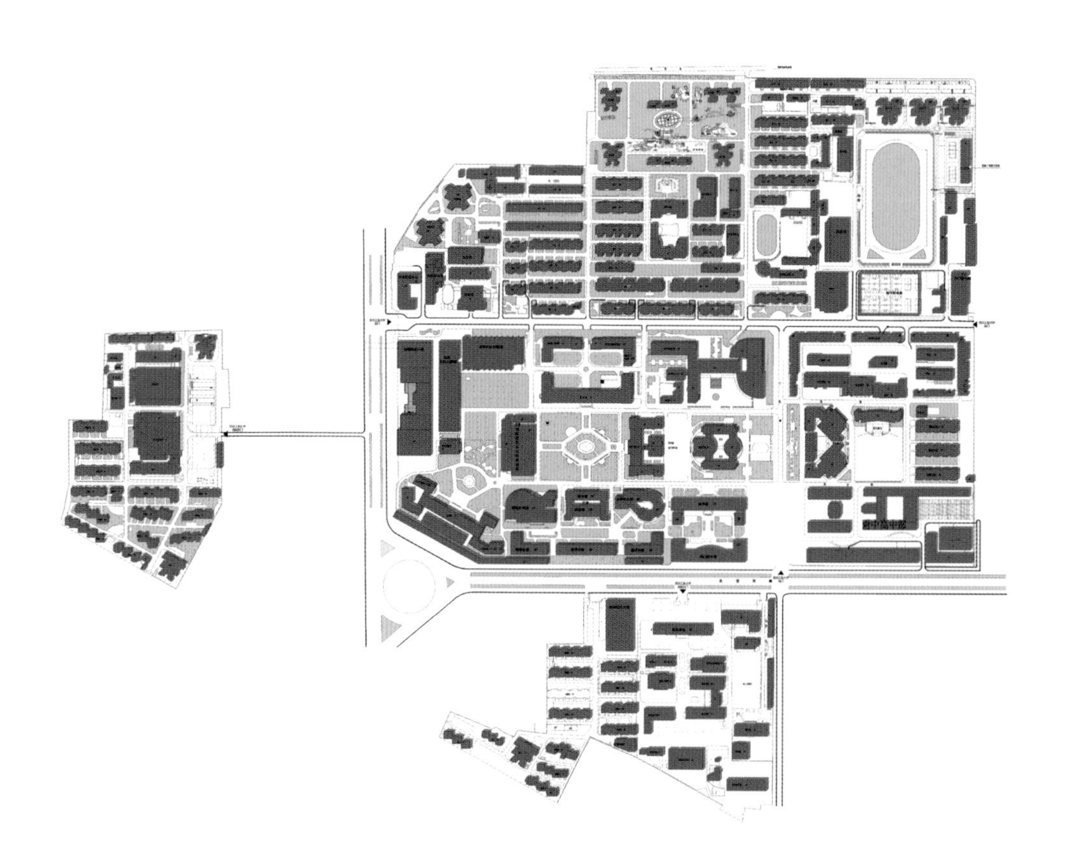

20 世纪 90 年代西工大友谊校区平面图

如今的西工大友谊校区包括北苑、南苑和西苑三部分，主要包含教学科研区、教学实验区、学生生活服务区、教工生活服务区、体育活动区、后勤区等功能区。其中，教学科研区位于北苑西南角、南苑及西苑中部，教学实验区位于北苑中部和西苑中部，学生生活服务区位于北苑东部中间地段，教工生活服务区主要位于北苑西北角、南苑西部及西苑，体育活动区主要位于北苑东部偏北，后勤区位于北苑东部。

友谊校区建设用地规划面积 1324 亩，其中实际使用权面积 1117 亩，代征路、绿地面积 207 亩。总建筑面积约为 110 万平方米。

友谊校区北苑校园空间格局基本完善，随着校园发展与办学需求，逐步显现出空间不足的问题，学校对校园用地进行集约化建设，用大体量、高层次的建筑取代原有老旧实验室、教学楼。1997 年北苑、南苑校园总平面图清晰地反映了学校的巨大变化。友谊校区图书馆东馆、科研大楼等一大批建筑在这个时期涌现，新建的研究生西馆和研究生东馆取代原先的西平与东平，挺拔的航空楼成为校园新的地标性建筑，至此西工大友谊校区基本进入成熟期，为教学科研、生活服务提供着一如既往的保障。

友谊校区图书馆东馆

根据《西北工业大学发展概要（1938—2002）》，“九五”期间学校抓住“211工程”建设时机，争取到工程建设资金1.7亿元。1996年，完成航天教学楼一期工程，建筑面积5549平方米。1997年，建筑面积达到8959平方米的研究生东馆建成并投入使用。2001年，能够容纳5180个座位的研究生西馆落成，成为学校12号教学楼之后的又一个重要教学大楼。西馆建筑面积达到16 309平方米，总投资2556万元，装备有全国最先进的网络与现代教育技术教室，依托该大楼的教学环境可以开展多媒体与远程教育，极大地提高了学校现代化教学水平，为学校人才培养和教学改革提供了强有力的条件保障。

校园一角

研究生东馆

研究生西馆

在此期间，学校加大基础条件和服务设施的建设，建成现代化学生食堂 11 525 平方米，配备电子刷卡系统，从根本上改善了学生就餐环境。1999 年，2184 平方米的配电中心投入使用，大大改善了学校基础条件，解决了教学科研用电瓶颈。

西工大友谊校区学生餐厅

西工大学生宿舍

南苑校区三系大楼更名为航海学院大楼，并拆除左右配楼；拆除 27 号楼及周边建筑，计划建设为航海综合大楼；305 号楼更名为化工系大楼；303 号楼改建为消声水池实验室；拆除 802 楼及其附属实验室，原址东侧建设航天南楼，原航天大楼更名为航天北楼，并用三层裙楼连接，航天南楼西侧建设航天综合楼；水洞实验室保持不变，于水洞实验室东侧、附中西侧建设航空动力实验室。原宿舍区增设十五层住宅楼以及综合服务楼一处，宿舍区整体依然呈行列式布局。

南苑校区的不断建设与发展，为学校大力发展航天和航海科技教育事业提供了坚实的条件保障。

西工大南苑航海学院大楼

今日东村高层住宅

今日北村高层住宅

今日西苑高层住宅

今日南村高层住宅

学校下大力气彻底改善教职员工的生活与住宿条件，1996—1998年先后建成东4、东14、南1～3、南11～12，西村5～10，西苑8～11，西苑14、青年教师公寓1～3等21栋住宅楼，合计87 040平方米。

基于1995年规划，西苑在近年来又做出了一定的改进。在原南侧宿舍区建设一栋28层15号住宅楼，该建筑位于西苑最南端，与南侧入口相邻。原北面实习工厂区新增住宅5栋。原计划建设印刷厂、出版社的区域现建设为停车场，在原机械加工教学实习及生产厂房（现机电总厂）西侧、变电所北侧建设一处学生食堂。随着无人机事业的不断发展，学校决策将无人机研究所外迁至高新区独立建设与发展，原无人机研究所大楼改建为继续教育学院。

西工大在长期的办学实践中，融合了历史变迁中西北工学院、华航和哈军工脉源三支的精神与文化，紧随时代发展，抢抓211工程和985工程建设的机遇，将“公诚勇毅”校训注入新的释义，凝练出了“基础扎实、工作踏实、作风朴实、开拓创新”的“三实一新”校训。学校80年来为国防事业和西部经济建设艰苦奋斗，自强不息，倾力奉献，无怨无悔，孕育出了“扎根西部、艰苦奋斗、求真务实、开拓创新、追求一流、献身国防”的西工大精神，感召鞭策着一代一代的西工大师生。

西工大的校园变迁，从规划到建筑，从道路到景观，从一砖一瓦到一草一木，无不凝聚着全校师生员工的心血。西工大友谊校区的不断发展与完善，也见证了西工大发展过程中的艰辛与荣耀，每一个历史阶段都留下了深深的工大印记。

友谊校区航空大楼

20 世纪 80 年代校园鸟瞰图（郭友军 摄）

今天快速发展中的友谊校区鸟瞰图（从东北方向看）

友谊校区鸟瞰图（从西南方向看）

第三章 长安校区校园规划

长安校区鸟瞰图

秦岭脚下的长安校区

一　建设筹备时期（1999—2005年）

1. 建设缘起（1999—2002年）

1999年6月15日，党中央、国务院召开了全国教育工作会议，提出把发展高等教育摆到国民经济新的增长点的战略高度。21世纪初，西工大已有在校生20 000余名，远远超过数十年前学校设计可容纳的5 000人的规模。学生的基本教学、生活和运动场地受到严重制约，且校园内后勤服务设施和教职工的生活设施也占去校园一部分面积，校园内人满为患。此现状严重制约了学校的持续发展，不利于提高学校的办学水平，更不能发挥最佳的社会效益，西工大扩建迫在眉睫。

为了贯彻落实党中央、国务院提出的"大力发展高等教育"的方针，适应高等教育改革与发展的新形势，满足社会的要求，达到《面向21世纪振兴教育行动计划》的要求，根据教育部"十五"教育发展规划初步方案和西工大自身的迫切需要，委部省市（国防科工委、教育部、陕西省和西安市）于2002年1月在北京人民大会堂正式签署的四方共建协议中，明确提出由陕西省和西安市人民政府划拨土地，供西工大扩大办学规模的意见。西工大在与有关部门进行了长时间的深入调查研究后，做出了建设长安校区的决定。

2. 建设谋划（2002—2004 年）

西工大长安校区的建设是学校紧抓国防大加强、西部大开发、教育大发展的历史机遇，在教育部、国防科工委、陕西省人民政府、西安市人民政府四方重点共建西工大的大好形势下做出的重大决策。

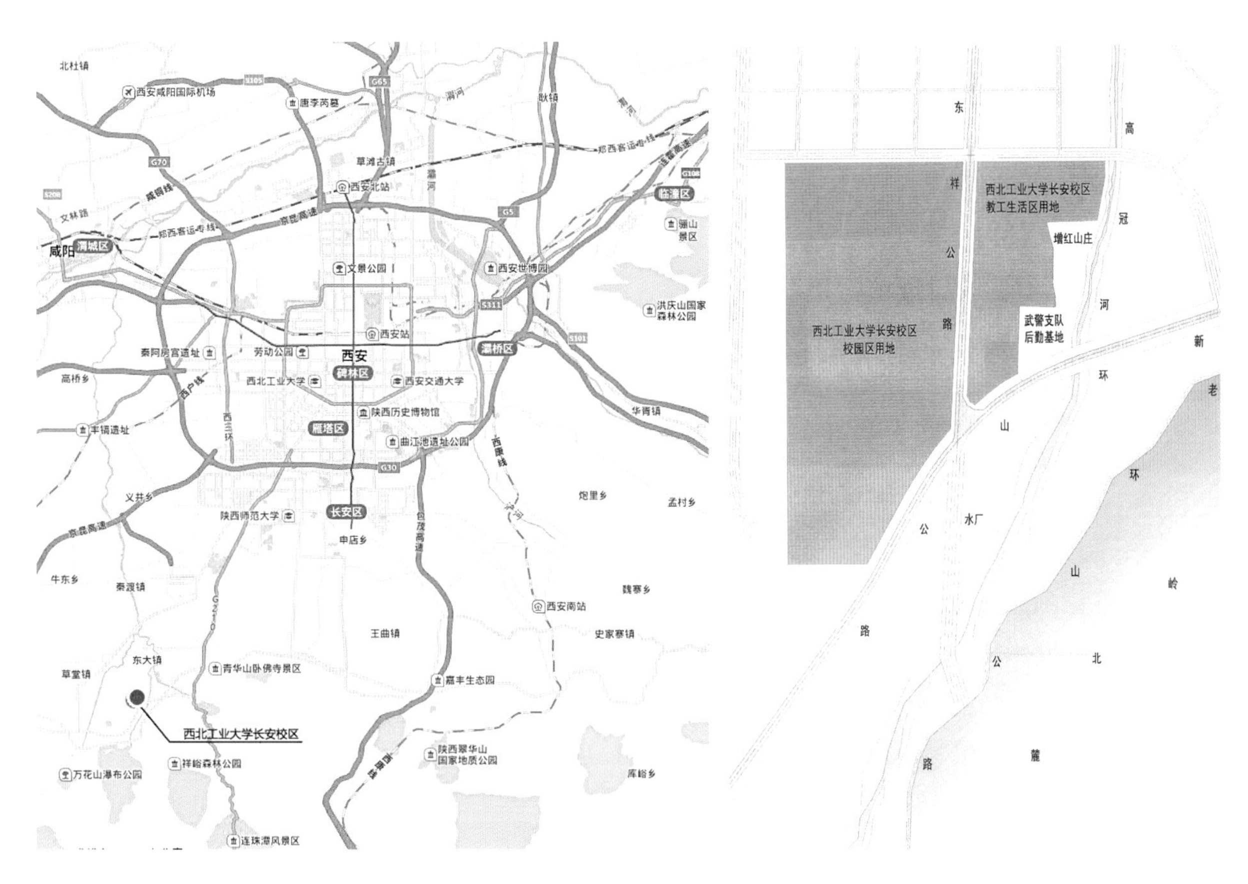

西工大长安校区区位图
（来源：2003 年西北建筑设计院绘制）

西工大长安校区区位选址
（来源：2003 年西北建筑设计院绘制）

西工大长安校区建设基址距西安市区约 30 千米，位于长安区东大镇东大村以南，秦岭北麓新环山公路以北，高冠河以西，西与鄠邑区接壤，南北长约 2230 米，东西宽约 1760 米，总用地 234.12 公顷（约 3512 亩）。场地中间有东祥路纵贯南北，将用地分为东、西两部分。整个地块依山傍水，环境优美安静，交通便利。

长安校区建设谋划时期事件简记见表 3-1。

表 3-1　长安校区建设谋划时期事件简记

日 期	事 件
2002 年 1 月 22 日	原国防科工委、教育部、陕西省、西安市签订四方重点共建西北工业大学协议，决定启动长安校区建设工作
2002 年 5 月 17 日	西工大与长安县人民政府签署征地合同
2002 年 6 月 17 日	校党委常委会研究决定，成立长安校区建设指挥部和建设办公室
2002 年 10 月 23 日	省教育厅批复同意西工大新征土地，长安校区规划用地 4000 亩，一期征地 3000 亩（陕教发〔2002〕145 号）
2002 年 11 月 29 日	省发展计划委批复新校区建设项目建议书，批复总体规划建筑面积 90 万平方米（陕计社会〔2002〕1187 号）
2003 年 5 月 14 日	西安市召开现场会，调整并确定长安校区选址
2003 年 5 月 23 日	市规划局出具建设项目选址意见书（〔2003〕字第 041 号）
2003 年 9 月 12 日	市土地局颁发建设用地规划许可证(〔2003〕115 号）

3. 选址规划（2004—2006 年）

学校的长远目标是建设“国内一流、国际知名”的高水平研究型大学。高水平的大学，不仅要有高水平的师资、高水平的教学科研，也应有一流的校园环境。因此，从长安校区的规划开始，学校博采众长，广泛调研，吸收和借鉴国内外高校规划的经验教训，邀请国内著名规划设计单位参加长安校区的规划方案招标，并邀请了著名的规划建筑大师张锦秋院士等专家参加西工大长安校区规划方案的评审，最终由西北建筑设计院中标。在确定了规划方案后，多次在校内各有关单位征求意见，终于确定了比较满意的规划方案。

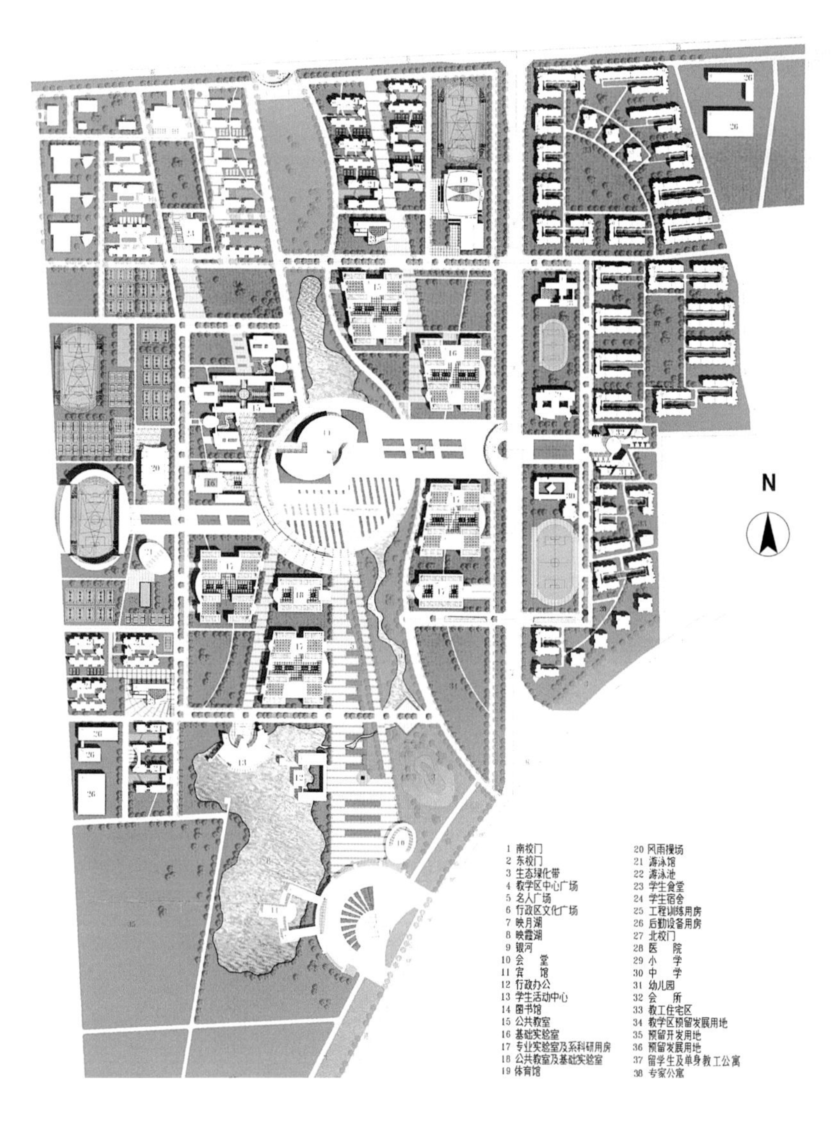

长安校区规划总平面图
（来源：2003年西北建筑设计院绘制）

西工大长安校区的规划目标是建设山水园林式的美丽校区。规划的基本理念是“一个结合”“两条主线”“三个苑区”。

“一个结合”，即周秦汉唐文化与西工大历史、特色相结合；“两条主线”，即围绕南北中轴线（长安大道）和东西中轴线（三航大道）展开，还含两个广场，即长安广场和三航广场；“三个苑区”，即代表“三航”（航空、航天、航海）特色的云天苑、星天苑、海天苑。规划分为十大功能区：

①校前区（东、北两区）；②教学区；③学生生活区（三区）；④体育运动区（二区）；⑤行政区；⑥工程训练区；⑦预留发展区；⑧共享区；⑨教工生活区；⑩后勤区。

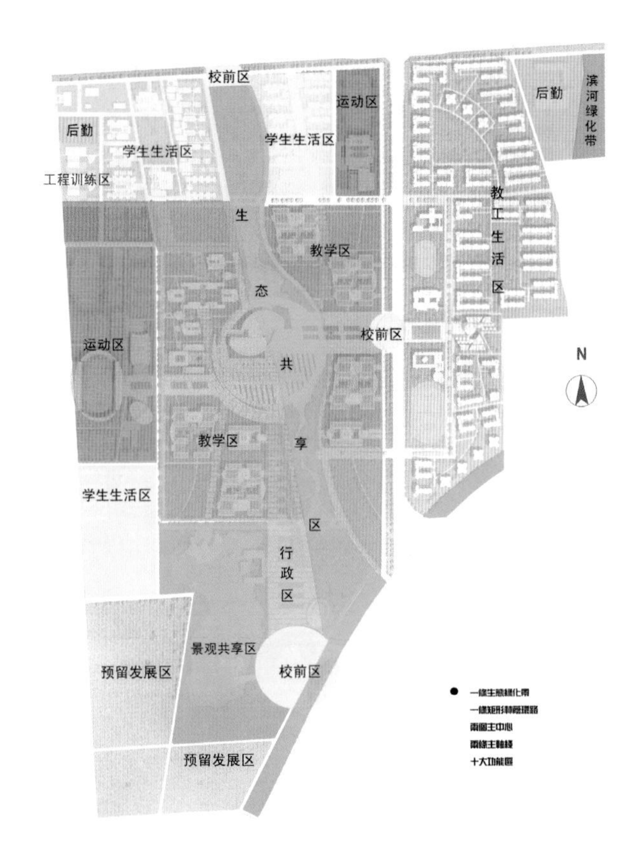

长安校区功能分区图
（来源：2003 年西北建筑设计院）

规划设想：从南大门到北大门，是一条反映历史和科学技术的轴线（蓝轴），其中包括中国古代与航空、航天、航海有关的神话故事、早期技术和有关造型，直到现代科学技术的艺术造型；从东大门向西，是一条反映爱国精神和西工大精神、办学宗旨等内容的轴线（红轴），其中包括以“何尊”武士为主体，表现爱国主义精神的雕塑及图书馆周围的校史、校训、校歌、名人园等组雕。这一经一纬两条交叉线，组成了校园文化景观建设的主要内容。

长安校区轴线示意图（来源：《三航之魂》）

规划设计借鉴了清华大学清华园和北京航空航天大学校园的设计案例，尊重原有校园的总体规划，通过对基地特征的分析，形成“一带”“一区”“七轴”“一心”的景观结构框架，文化轴和植物景观轴相交汇，呈现出刚柔相济、理性而又富于变化的特性，既有北方景观的豪放大气，又有江南景观的灵韵精致，将简约明快的现代园林风格和富有诗情画意的江南古典园林风格完美地结合起来。

在景观设计中，将当地高冠河引入校园，建设了启真湖和启翔湖；强调文脉传承，将中华民族传统文化和大学的历史文化特色与校园景观有机结合；倡导“以人为本，和谐共生”的设计理念，让师生们真正地享受自然、享受生活，让校园成为山水文化家园。

“云横秦岭，流水潺潺”，巍峨碧嶂的秦岭与绵延的高冠河用大手笔造就了静谧清新、纯朴粗犷的自然风光。学校充分借助这一优越的天然景观，使其与人工景观有机结合，很好地体现了建设的根本理念。现今的长安校区已是集教学、科研、管理、生活、运动、休闲等于一体，充分体现现代化、多功能、环保特点的大型校区。

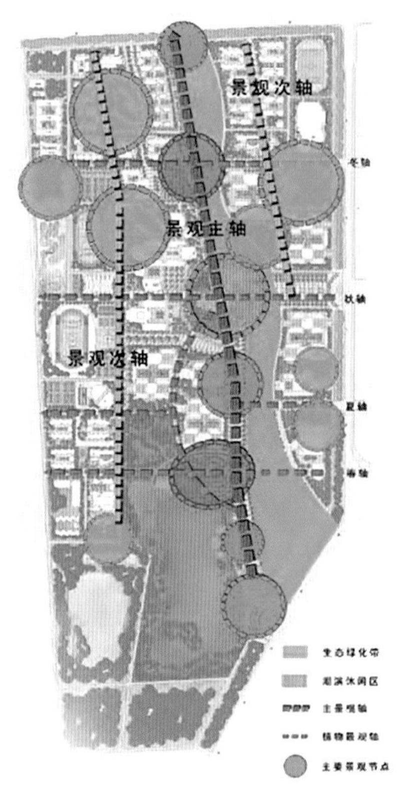

长安校区景观结构分析图

长安校区道路命名体现了航空、航天、航海的高新科技特色以及中华民族优秀的传统文化，包括历史文化、理念精神。同时根据所处地域，体现背依秦岭、近临沣水的特征。在具体命名和设计时，还要和友谊校区呼应，遵循相同的规范，包括示意图、校标校名、以校训校风校歌等为内容的简短标语等，做到丰富而不累赘。

长安校区位于西安市长安区内，两大主干道对穿越中心广场。南北大道，为体现地域特征取名长安大道，这其间还有另一层意思，即取长久平安之意；东西大道，为体现学校“三航”特色，取名三航大道。学生学习、运动及生活的三大区分别命名为星天苑、云天苑和海天苑，意为星空高远的科技境界和“三航”学子成长生活的乐园。

长安校区面对秦岭山脉的箐华山，在离校区不远处，沣河和高冠河潺潺流过。学校提出建设山水园林式校园，所以南北向的干道以名山命名，自西向东有昆仑路、华山路、衡山路、泰山路等；东西向干道以水系命名，自北向南分别有银河路、松花江路、黄河路、长江路、珠江路等。黄河、长江等系陆地真水名，唯有“银河”是天上虚拟之名，尤其符合西工大“三航”高科技领域追求卓越、境界高远的特征。环路则以方位命名，分别为巡航东、西、南、北路。登山则情满于山，观海则意溢于海。道路命名体现了西工大的“三航”特色和西工大人胸怀博大、气壮山河、报效祖国的壮志情怀。

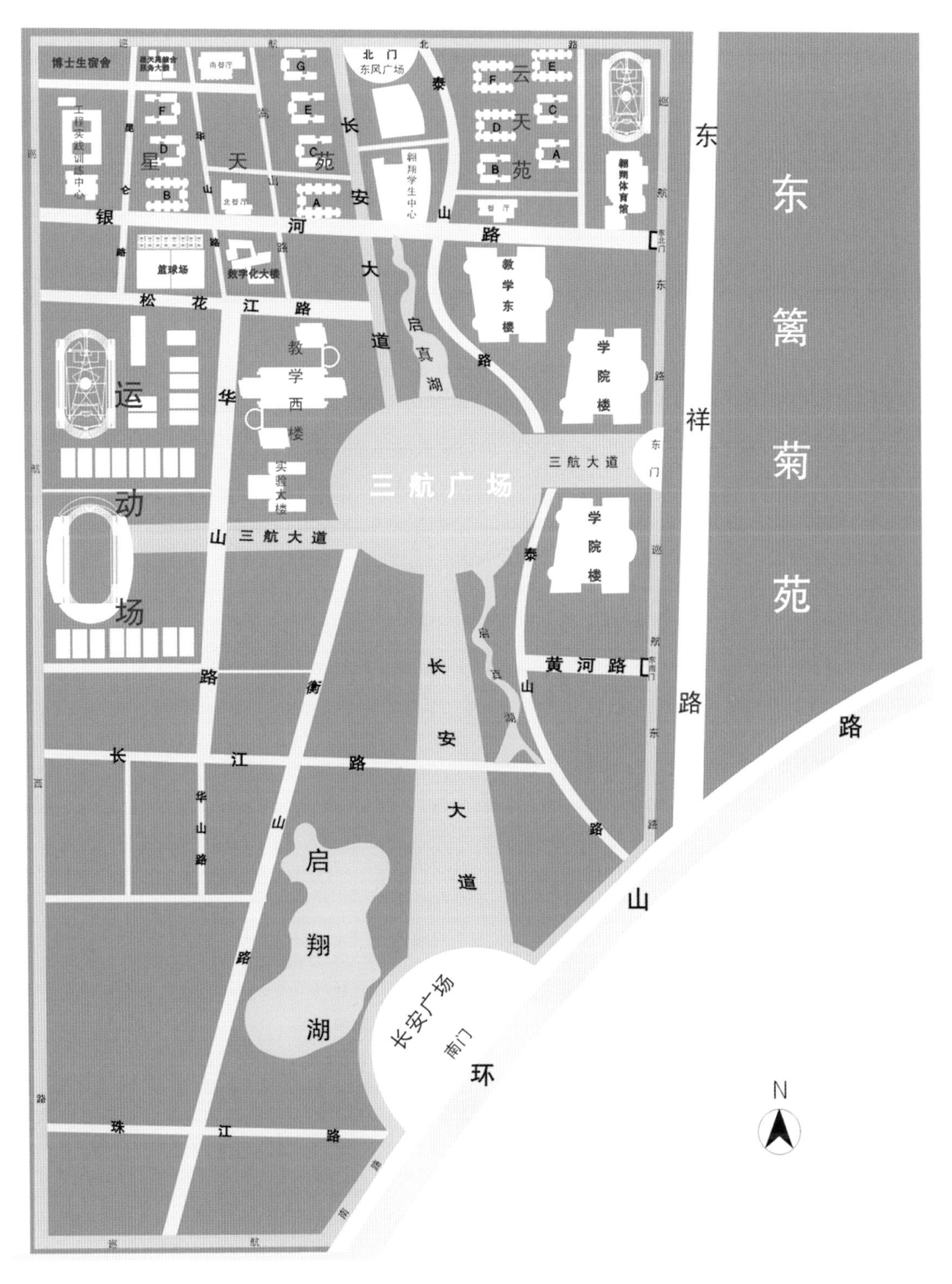

长安校区道路图示
（来源：《三航之魂》）

长安校区选址规划时期事件简记见表 3-2

表 3-2　长安校区选址规划时期事件简记

日 期	事 件
2004 年 2 月 26 日	市规划委员会会议同意西工大长安校区规划方案
2004 年 4 月 11 日	省发展计划委将长安校区建设列入基本建设重点项目（陕计项目〔2004〕266 号）
2004 年 4 月 20 日	省发展计划委同意长安校区建设项目开工（陕计项开〔2004〕11 号）
2004 年 10 月 12 日	国家发改委、国土资源部确定为土地市场治理整顿期间陕西省第一批重点急需建设项目（发改办投资〔2004〕1803 号）
2004 年 11 月 15 日	省发改委批复初步设计（陕发改社会〔2004〕557 号）
2005 年 3 月 20 日	国土资源部批复一期建设用地（国土资函〔2005〕183 号）

二　建设时期（2005—2016 年）

长安校区与友谊校区的建设有很大的区别，长安校区的建设有明确的规划目标和规划设计，分期建设，具有长期性。长安校区在规划之初，校方给设计院提出创建“品位高雅的文化环境、严谨开放的学术环境、催人奋进的学习环境、舒适宜人的生活环境、和谐统一的生态环境”，建设富有西工大特色的山水园林式校园环境的要求。

西工大根据实际情况计划分期分批建设长安校区，逐步实现长远发展目标，教学区的建设分为近期的一期建设项目、二期先建项目和二期后建项目。

分期建设的顺序除考虑搬迁计划、资金状况、设施配套外，还要求各期建成后应自成一体，景观完整、配套齐全，续建时对建成区的使用不构成干扰。因此建设顺序可归纳为校园区——自西向东，自北向南，对教学实验楼和公共建筑则根据各期的服务规模，逐栋兴建。

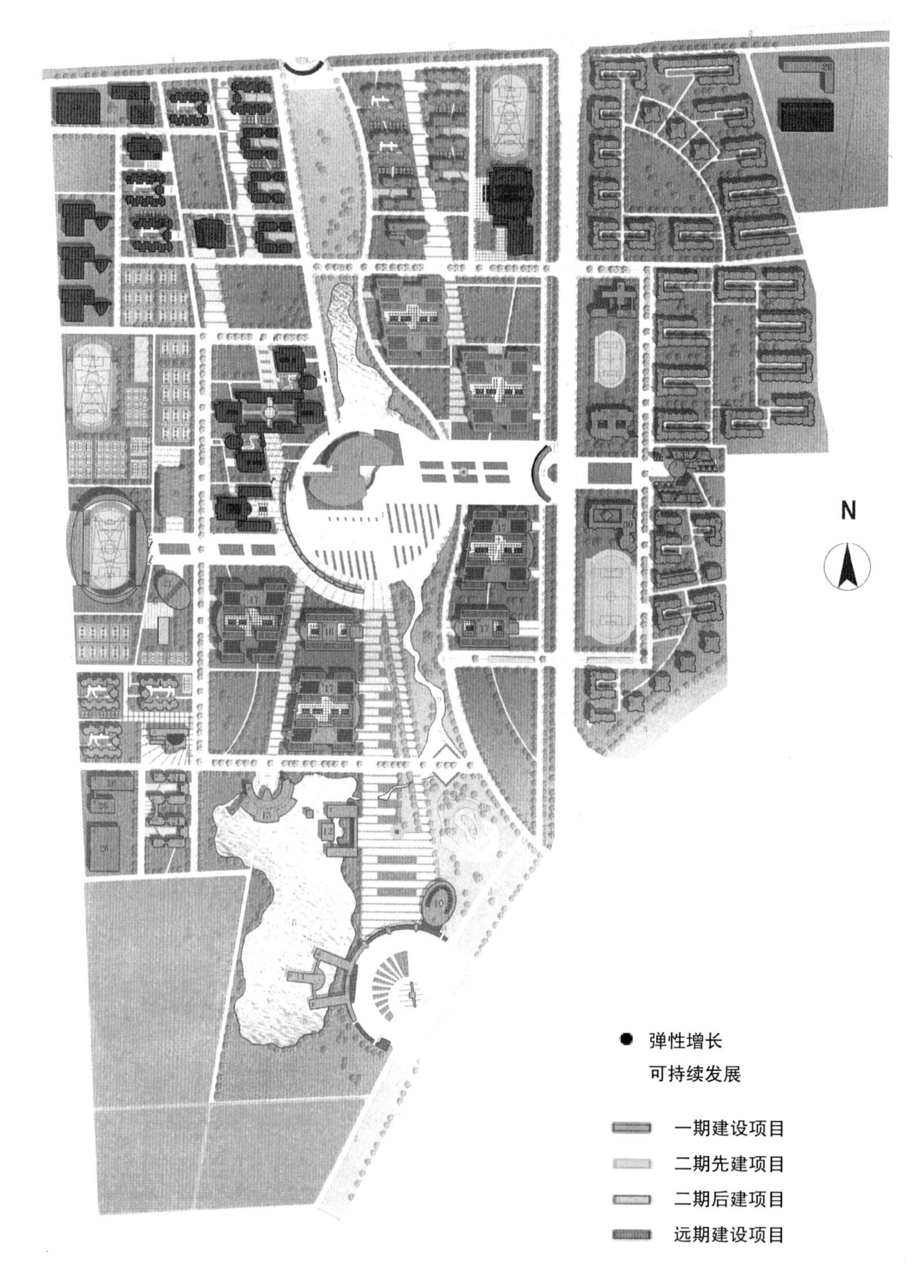

长安校区分期建设图
（来源：2003年西北建筑设计院绘制）

1. 一期建设时期（2005—2006 年）

校园一期建设项目主要为星天苑学生生活区、工程训练区、次要运动区、校前区的北校门及东风广场、教学区的教学西楼、数字化大楼和实验大楼的建设。

星天苑学生生活区位于校园用地的西北方，西接工程训练区，包括八座学生公寓楼，分别为星天苑 A、B、C、D、E、F、G、H 座，一座博士生宿舍楼，星天苑南、北餐厅，东元超市以及静悟园。星天苑 A、B 两座，均采用单元式布局，整幢楼由南、北楼和中间连接单元三部分组成，结合庭院及中庭、走廊等元素创建出一种全新、亲切、宜人的空间氛围；星天苑 C、D、E、F、G 五座，每幢楼由南、北楼和中间连接单元三部分组成，南、北楼分别采用错层手法，分为长、短两个单元，利用错层空间下部分解决自行车停放问题；星天苑南餐厅与北餐厅隔静悟园相望，每层都有一个特色餐厅，并配有厨房、更衣室、卫生间，可提供清真学生餐厅、宴会厅等不同的功能需求；整个生活区围绕两栋食堂，布置学生宿舍，形成中心绿化广场——静悟园。

星天苑

静悟园

静悟园这个名字，给人一种安静睿智的感觉。“如来传静悟，水月是心田。”它位于长安校区星天苑南、北餐厅之间，是学生活动的主要场所。园中偶立小亭，曲径通幽。夜晚和周末，从各幢公寓楼里走出来的学生们聚集在这里，举办属于自己的活动，为这个园子增添了新的活力和精彩，青春就同静悟园里的草木一起辉映出最美丽的色彩。

静悟园

工程训练区位于校园用地的西北角，避免了车流、物流和噪声对其他功能区的干扰。工程实践训练中心作为学生实践教学单位，由综合楼和厂房两部分组成，其中综合楼主要用作管理办公用房，厂房为学生实习场所，承担全校本科生的实践教学，是西工大最大的综合性实践教学基地。

工程实践训练中心

次要运动区位于校园东北角，也是学校的文体活动中心，设在云天苑学生生活区和教工生活区之间，使学生生活区、教工生活区之间距离最短，便于师生活动。在银河路以北的校门口处布置了翱翔体育馆，便于师生共同使用，因体育馆临近东祥路，为对外开放场馆创造了条件。功能上，翱翔体育馆和训练馆设计全面，技术先进，可承办大型文娱演出和国际中型场地体育比赛，其场馆条件在陕西高校中首屈一指。

翱翔体育馆

翱翔体育馆中的赛事

北校门为学校次校门，北侧城市规划路建成后，作为校区北侧与城市联系的出入口。

教学区位于校园用地的核心区域。教学西楼位于启真湖和图书馆西侧，南接实验大楼，西临运动区，北面为数字化大楼和通慧园，以广场为中心排列，营造了安静优美的学习氛围，是一座由各类大、中、小教室及配套的附属用房组成的半围合式教学综合体。整幢建筑分为A、B、C、D四个区，为学生提供了人性化、现代化的学习环境。实验大楼位于教学区西南，西临运动区，北接教学西楼，围绕着中心广场布置，向心感强，布置灵活，避免了兵营式的布局形式。根据使用功能将整栋建筑分为三个部分：南楼、北楼及中楼。南楼、北楼为内廊式布局方式，并在中央设置了五层通高的采光中厅。整个建筑功能布局合理，空间尺度适宜。楼内各个实验室的现代化设备，不论在数量还是质量上都对学生的实验教学给予了充分保障。数字化大楼是学校数字化校园的核心，同时也是包括校园网设备、一卡通、安防监控在内的所有弱电的中心。

教学西楼

实验大楼近景

实验大楼远景

数字化大楼

长安校区一期建设时期事件简记见表 3-3。

表 3-3　长安校区一期建设时期事件简记

日 期	事 件
2005 年 4 月 18 日	长安校区一期建设开工
2006 年 6 月	长安校区管理委员会成立
2006 年 8 月	长安校区一期中星天苑楼群、教学西楼、实验楼、数字化大楼等竣工并投入使用
2006 年 8 月 25 日	第一批 7000 名本科生搬迁入住长安校区
2006 年 9 月 9 日	举行长安校区启用仪式暨 2006—2007 学年开学典礼

2. 二期建设先建时期（2006—2015 年）

校园二期建设先建项目，主要是云天苑学生生活区、主要运动区、校前区的东校门、启真湖、教学区内的教学东楼、图书馆和各个学院楼的建设。

云天苑学生生活区主要包括六座学生公寓楼和云天苑餐厅。学生宿舍楼采用组团式的总体布局，在室外空间的处理上用廊桥将六幢宿舍楼中的四幢联系起来，围合出丰富多变的视觉空间和学生交流场所。廊桥之下可停放自行车，可设小商业网点和学生社团活动区等使用功能区；廊桥之上，设叠落的垂直绿化，景观设计在空间中展开，完全区别于常见的模式，使学生生活区别具一格。室外廊桥的设计还使学生上楼时循序渐进，减缓了徒步上楼时的相对高度。云天苑餐厅位于生态绿化带以东、教学区以北、学生宿舍以南的一个中间地带，共有两层，设有不同风味的特色美食，可供 8000 人同时就餐。

主要运动区位于校园用地的西部，设在星天苑学生生活区和海天苑学生生活区之间，最大化减少了学生生活区、教学区、运动区之间的距离，便于学生的日常活动。运动区内的主体育场、风雨操场、游泳馆及游泳池，形成运动中心，正对着教学中心广场的东西轴线。

游泳馆外景

校前区的东校门为学校主校门，临东祥路，与教工生活区主入口、图书馆一起形成校园东西轴线，是教学区对外联系的主要出口。

启真湖位于校园区的中心地带，整个湖面呈长条形，连接着学校的校园区、学生生活区和行政区，也是打造山水园林式校园的核心建设项目。

长安校区室内游泳馆

运动区

长安校区东校门

業 大 學

启真湖

图书馆

教学区通过二期先建项目已基本建设完成。教学区的核心建有圆形中心广场，图书馆设在广场内，是教学区的标志性建筑。教学东楼北接云天苑生活区，西临启真湖，南面、东面均为学院楼，与学院楼共同围合成以步行为主的学院街。13 个学院楼在规划中采用了模数化的建筑组群，将 13 个学院两两并联（个别较大的学院单独设置），各自有独立对外的出入口门厅及中厅，共享一个内部庭院。这种组合方式使各院系之间既各自独立又相互联通，并可随意调整院系之间的关系，最大限度地满足办学的使用要求。每个组团基本运用统一模数的组合方式，形成教学区符合逻辑又富于韵律的空间形态，使得教学区建筑群疏密有致，节约出的用地做教学区的集中绿地及教学区长远发展用地，在教学区四周形成大片绿荫，营造出

安静优美的学习氛围。由教学区中心广场通向其他各功能区的道路、广场、步行走廊呈放射状，与各区联系方便简捷。

2005 年 4 月 18 日，长安校区一期建设项目正式开工，2006 年 9 月 9 日初步投入使用。2008 年 8 月 29 日是西工大 2008—2009 学年开学的日子。随着十余辆大客车满载教职员工驶往长安校区，一个新的学期开始了，同时也标志着西工大长安校区正式全面启用。经过三年多的建设和两年试运行，随着长安校区二期工程建设竣工，山水园林式的长安校区已基本建成。

长安校区的建设根据实际建设条件和需求，也在不断地进行修订与完善，经调整后的规划图如下：

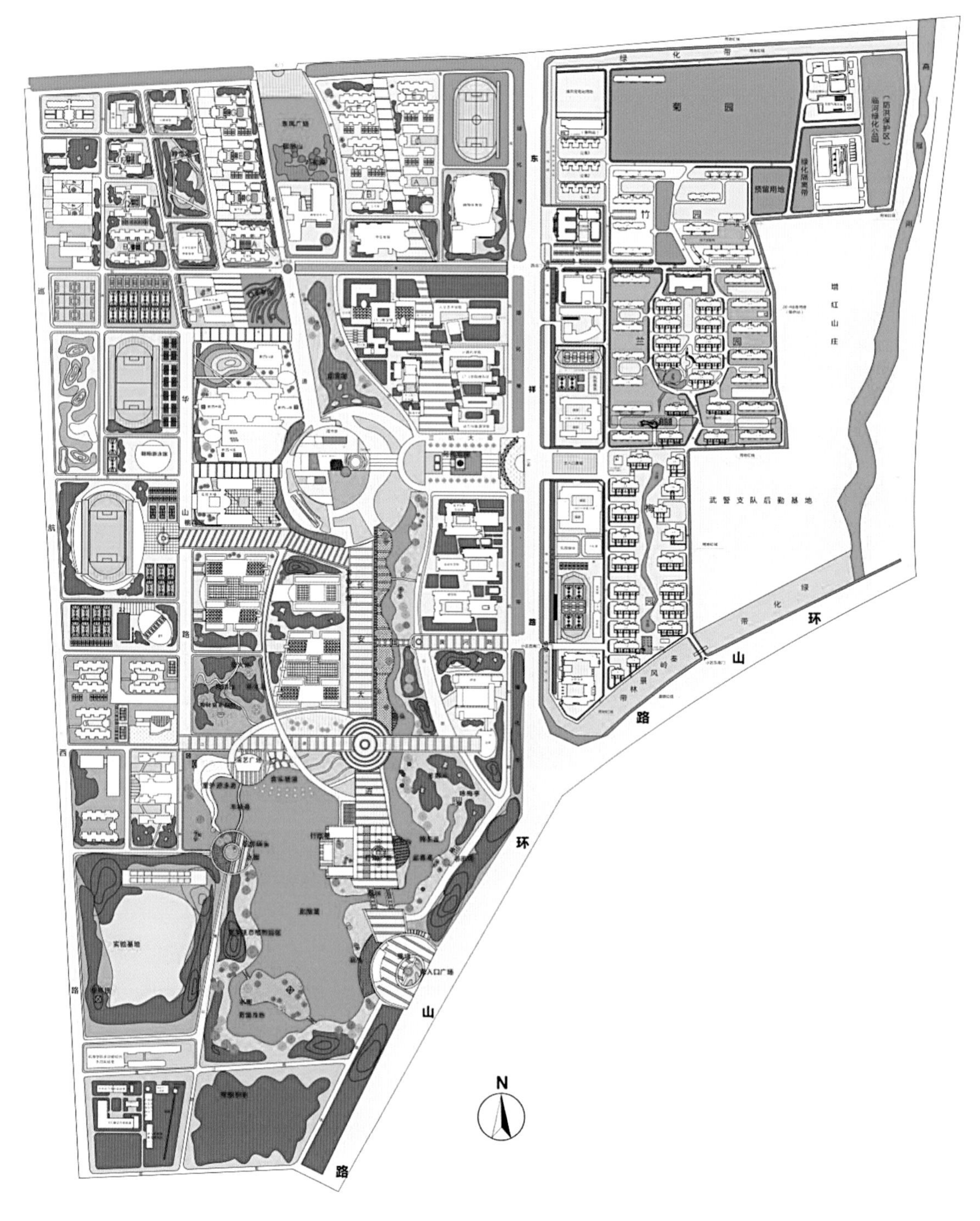
绿化带
菊园
竹园
兰园
梅园
预留用地
绿化隔离带
临河绿化公园（防洪保护区）
塘红山庄
武警支队后勤基地
东祥路
环山路
秦岭风景林带
长安大道
三航大道
华山路
实验基地
行政楼
南入口广场
N

长安校区总平面图

长安校区二期建设先建时期事件简记见表 3-4。

表 3-4　长安校区二期建设先建时期事件简记

日 期	事 件
2006 年 10 月 10 日	长安校区二期建设工程——云天苑正式开工
2007 年 8—9 月	长安校区云天苑楼群、教学东楼楼群相继竣工并投入使用
2008 年 1 月 28 日	长安校区翱翔体育馆竣工
2008 年 5 月 25 日	长安校区大学生活动中心竣工
2008 年 5—8 月	长安校区 8 个学院楼相继竣工，8 个学院相继搬迁至长安校区
2008 年 8 月	学校领导班子和部分机关搬迁至长安校区
2008 年 10 月	学校在长安校区翱翔体育馆举行建校 70 年庆祝大会
2009 年 6 月 8 日	长安校区游泳馆竣工
2009 年 8 月 3 日	长安校区图书馆竣工
2009 年 11 月	长安校区管理委员会撤销
2011 年 8 月	ARJ21 飞机进驻长安校区
2012 年 8 月	长安校区全部 3876 亩共 5 个土地证获批
2012 年 12 月 28 日	长安校区医院竣工
2013 年 5 月	长安校区建设办公室并入基建处
2013 年 6 月	长安校区管理办公室成立
2013 年 9 月 3 日—2015 年 9 月 17 日	长安校区高技术实验研究中心各实验室和科研平台相继竣工

3. 二期建设后建时期（2016 年至今）

校园二期建设后建项目，主要是启翔楼、启翔湖、海天苑大楼、海天苑学生生活区等。

海天苑学生生活区位于校园用地西南角，西临启翔湖，北接运动区。

学生生活区总共分三区建设，使集中的人流自然分为多股，缓解了交通压力。各个学生区服务配套设施自成体系，有各自的中心广场及集中绿地，营造出亲切宜人的生活空间，使用方便。

美丽的启翔楼依山傍水，造型端庄大方，气质优雅独特，被师生们称为秦岭山下最美的建筑。启翔楼属于现代中式建筑风格，建筑师没有刻意地用混凝土或钢材重复原有木材构造形式，而是以“存比例，去装饰，留神韵”，很好地保留了传统之美，又融合了现代气息。启翔楼虽然并没有符号化的构件，但是却有明确的可辨识性，给远观者带来强烈的视觉美感，为工作学习在楼里的师生提供怡人的环境。

启翔楼西侧是占地100余亩的启翔湖，湖面开阔，水天一色，岸上师生书声琅琅，湖中龙舟劈波斩浪，无处不彰显着校园山水园林的韵味。启翔湖的建设，同时也是长安校区防汛防洪及雨水收集利用系统项目，它的建成意味着纵贯南北的生态绿化带的共享区的整体建设也进入了收尾阶段。

启翔湖

海天苑大楼拟建于长安校区图书馆与启翔湖之间，是海天苑区域内重要建筑物之一。该项目总建筑面积 73 370 平方米，地下 1 层，地上 5 层（局部 4 层），总投资 33 331 万元，由清华大学建筑设计研究院有限公司设计。设计方案利用院落围合形成相对完整的建筑组团。通过“院与景”的设计策略，“围院造景”形成中心共享庭院，有利于资源共享和学科交融，满足学科交叉、交流的使用需求。建筑外墙主要选用灰砖，局部白色点缀，典雅稳重，与校园现有建筑风格保持一致。

长安校区二期建设后建时期事件简记见 3-5。

表 3-5　长安校区二期建设后建时期事件简记

日 期	事 件
2016 年 9 月 12 日	长安校区国际学术交流中心竣工
2016 年 10 月 19 日	长安校区防汛防洪及雨水收集利用系统项目（启翔湖）竣工
2017 年 1 月 12 日	长安校区综合楼（启翔楼）通过五方责任主体竣工质量验收
2017 年 5 月 23 日	长安校区启翔楼竣工
2017 年 12 月 12 日	长安校区海天苑学生宿舍（一期）、学生食堂及活动中心完成了初步设计、施工图设计，正在进行主体施工招标； 长安校区海天苑学生宿舍（一期）、学生食堂及活动中心完成了初步设计、施工图设计，正在进行主体施工招标； 长安校区海天苑学生宿舍（二期）完成了初步设计编制、评审，即将取得初步设计批复，正在进行施工图设计； 长安校区海天苑大楼，已完成设计方案招标，正在进行初步设计

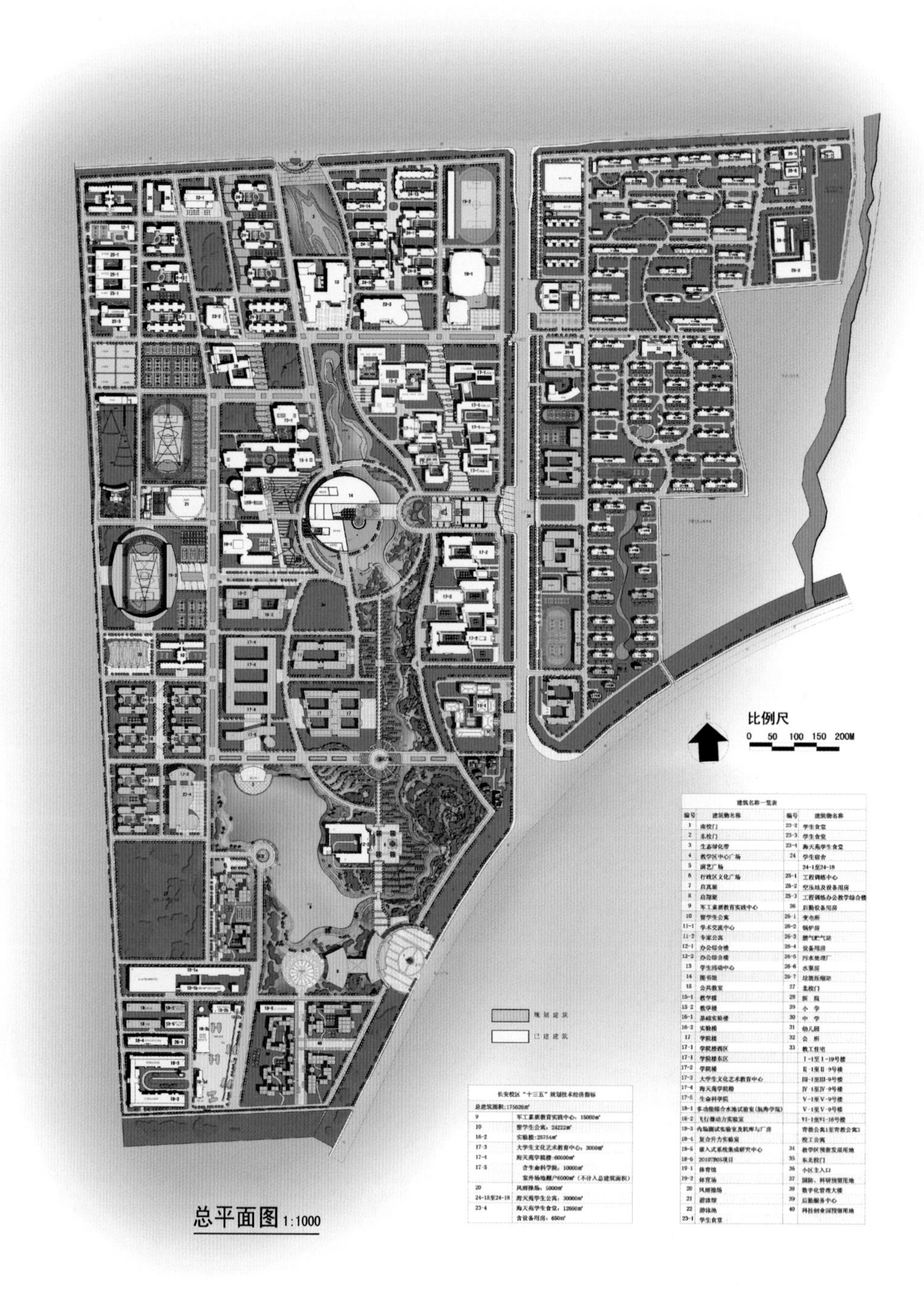

建筑名称一览表

编号	建筑物名称	编号	建筑物名称
1	南校门	23-2	学生食堂
2	东校门	23-3	学生食堂
3	生态绿化带	23-4	海天苑学生食堂
4	教学区中心广场	24	学生宿舍
5	演艺广场		24-1至24-18
6	行政区文化广场	25-1	工程训练中心
7	启真斋	25-2	空压站及设备用房
8	启翔斋	25-3	工程训练办公教学综合楼
9	军工素质教育实践中心	26	后勤设备用房
10	留学生公寓	26-1	变电所
11-1	学术交流中心	26-2	锅炉房
11-2	专家公寓	26-3	燃气贮气站
12-1	办公综合楼	26-4	设备用房
12-2	办公综合楼	26-5	污水处理厂
13	学生活动中心	26-6	水泵房
14	图书馆	26-7	垃圾压缩站
15	公共教室	27	北校门
15-1	教学楼	28	医 院
15-2	教学楼	29	小 学
16-1	基础实验楼	30	中 学
16-2	实验楼	31	幼儿园
17	学院楼	32	会 所
17-1	学院楼西区	33	教工住宅
17-1	学院楼东区		Ⅰ-1至Ⅰ-19号楼
17-2	学院楼		Ⅱ-1至Ⅱ-9号楼
17-3	大学生文化艺术教育中心		Ⅲ-1至Ⅲ-9号楼
17-4	海天苑学院楼		Ⅳ-1至Ⅳ-9号楼
17-5	生命科学院		Ⅴ-1至Ⅴ-9号楼
18-1	多功能综合水池试验室(航海学院)		Ⅴ-1至Ⅴ-9号楼
18-2	飞行器动力实验室		Ⅵ-1至Ⅵ-16号楼
18-3	内场测试实验室及机库与厂房		青教公寓1至青教公寓3
18-4	复合升力实验室		校工公寓
18-5	嵌入式系统集成研究中心	34	教学区预留发展用地
18-6	2010TB05项目	35	东北校门
19-1	体育馆	36	小区主入口
19-2	体育场	37	国防、科研预留用地
20	风雨操场	38	数字化管理大楼
21	游泳馆	39	后勤服务中心
22	游泳池	40	科技创业园预留用地
23-1	学生食堂		

长安校区“十三五”规划技术经济指标

总建筑面积:175626㎡	
9	军工素质教育实践中心：15000㎡
10	留学生公寓：24222㎡
16-2	实验楼:25754㎡
17-3	大学生文化艺术教育中心：3000㎡
17-4	海天苑学院楼:60000㎡
17-5	含生命科学院：10000㎡
	室外场地棚户6000㎡（不计入总建筑面积）
20	风雨操场：5000㎡
24-15至24-18	海天苑学生公寓：30000㎡
23-4	海天苑学生食堂：12660㎡
	含设备用房：650㎡

长安校区总体规划平面图（2015 年 7 月）

第四章 校园园林景观

友谊校区梧桐道

一　梧桐大道

春华秋实，凤栖梧桐。友谊校区三航路与求实路旁植满了梧桐树，这些当初同华航一起西迁而来的法国梧桐如今已经长成参天大树。三航路与求实路作为校园内两条交通主干道，也是进入校园的必经之路，道路两旁郁郁葱葱的梧桐树，陪伴着一代代西工大学子走过激情飞扬的大学时光。时光荏苒，春去秋来，梧桐大道不断变换着她不同的风姿，有不经意间翠绿满园的喜悦，亦有梧桐更兼细雨点点滴滴到黄昏的忧伤；当深秋的阳光从树叶间洒下时，金色的梧桐叶铺满了整个大道，更有师生走在上面沙沙作响的幸福。

2008 年 10 月，学校 1977、1978 级近千名校友重聚长安校区，共庆母校 70 华诞，纪念入学 30 周年，并为长安校区捐赠 70 株梧桐树，将翱翔体育馆与云天苑公寓之间栽种梧桐的南北通道命名为“梧桐大道”，同时立“梧桐大道”与“梧桐赋”石刻，表达校友对母校的深情厚谊。

友谊校区梧桐大道

梧桐大道

梧桐赋

梧桐高树，林之嘉木，葱茏绿荫，挺拔风骨。

“梧桐生矣，于彼朝阳”，颂之于诗经大雅；“栽得梧桐，引来凤凰”，传之于神话歌赋。抒展青春之色彩，托举向上之抱负，张扬生命之旗帜，襟怀君子之风度。

忆昔工大校园，风景独好，梧桐林荫大道，激荡绿风。春日伴我晨读，万木竞长，郁郁葱葱。夏日送我上课，绿荫长廊，清凉如梦。秋日唤我添衣，金色书简，落叶知秋。冬日催我锻炼，顶风傲雪，列队相迎。学子生涯，四度春秋，工大梧桐，欣欣向荣。伴我成长，伴我成材，工大梧桐，如我身影。

盛世工大，七十华诞，崭新校区，崛起终南。比邻秦岭之雄秀，山高水远；弘扬“三航”之雄风，翱翔云天。桃李绚烂，难忘母校抚育之恩；梧桐大道，再现工大当年景观。凝聚校友，人生励志，激励学子，学海扬帆。梧桐大道，连接天下，同学少年，一往无前。

长安校区梧桐道

二　桃李园

夫春树桃李，夏得荫其下，秋得食其实。

桃李园被同学们称作友谊校区最美的园林。它坐落在友谊校区教学南路中段和教学北路中段之间，由图书馆、诚字楼、勇字楼、超高温结构符合材料重点实验室围合而成。她与图书馆西馆一起，成为友谊校区的景观核心区。桃李园中心是一座西工大师生自己动手修建的石雕喷泉，在其东北方向草坪上矗立着寿松涛、刘海滨和季文美三位先生的雕像，他们静静地注视着校园，眺望着远方。

三位先生带领着全校师生员工披荆斩棘，励精图治，为西工大的发展奠定了坚实的基础，为祖国繁荣富强培养了大批栋梁之材，真可谓桃李满天下。学校为了纪念他们为新中国革命和教育事业所做出的巨大贡献，特意在这美丽的桃李园塑造雕像，让先生们与师生共同感受学校日新月异的发展与变化。每逢清明节和教师节，塑像前摆满了师生员工自发敬献的花篮。

寿松涛（1900—1969），1953年任华航党委书记兼院长，1955年学院迁往西安后，任西航党委书记兼院长，1957年10月任西北工业大学校长兼党委第二书记。
刘海滨（1908—1994），曾任西北工学院党委书记兼院长、西北工业大学党委书记（1957—1982）。
季文美（1912—2001），曾任华航副教务长，西航副院长，西工大教务长、副校长、校长、名誉校长。

桃李园雕像

春去秋来，桃李园桃李芬芳。师生员工在园内共植有各类树木50多种，花卉20多种，每逢春秋时节，园内花团锦簇，暗香袭人，五颜六色，七彩缤纷，让人心旷神怡。师生漫步其中，或朗朗读书，或掩卷长思，各得其妙。

园内西北角是一座长十余丈，高达一丈余的假山，怪石嶙峋，曲径通幽，草木郁郁葱葱，拾阶而上，便来到了山顶的桃李亭。站在桃李亭远眺，可以一览整个桃李园的全貌，一阵凉风袭来，正是读书好时节。

但是鲜为人知的是，这个假山的造就过程颇有意趣。众所周知，造假山的石头很有讲究，形状要求别具特色，但却不能带有棱角。这样的石头从哪里来呢？起初，建造者寻遍西安城里城外终不得，于是索性来到秦岭丰峪口，深入大山腹地，跋山涉水，到处寻觅，终于找到了这些奇石并将它们千方百计运回校园，成就了这座假山。

桃李园假山

桃李亭近景

桃李亭中景

桃李亭秋色

校歌墙

三　校歌墙

在西工大友谊校区随处可见或质朴或精致的景观小品，它们无一例外地传达着属于西工大的人文精神与意志品质。

校歌墙位于友谊校区惠泽广场内，长 60 米，高 6 米，主材质为石材。墙上书写着《西北工业大学校歌》，64 个鎏金大字，刚健娟秀、朴素精巧。上面的浮雕有长空、碧海、蓝天、导弹、飞船、巡洋舰，极具三航与国防特色。它已经成为西工大校园一个不朽的精神图腾。每当校友返校，他们都会长时间驻足在校歌墙旁，低声和唱着校歌：“西岳轩昂，北斗辉煌，泽被万方，化育先翔。巍哉学府，辈出栋梁 ，重德厚生，国乃盛强。千仞之墙，百炼之钢，镂木铄金，飞天巡洋。公诚勇毅，永矢毋忘，中华灿烂，工大无疆。”

四 《翱翔》浮雕

在友谊校区研究生西馆的墙面上有一个紫铜浮雕，取名“翱翔”。《翱翔》浮雕撷取嫦娥奔月、羽人飞天、琴高遊海三个传统神话故事，展示着远古先民征服星辰大海的梦想，象征着一代代西工大人为了实现人类飞天梦想而不断前行。正如西工大《翱翔赋》中所写道：“昔有华夏祖先，演绎羽人飞翔、嫦娥奔月、琴高游海，神思雄飞九天，壮志潮涌五洋。想象何其磅礴大气，梦幻何其浪漫激扬。 今有西工大人，在蓝天追寻羽人未圆之梦，在太空探索嫦娥未尽之路，在大海续写琴高未了之情。把神话变为现实，在现实中再创神话。我们传承民族文化精髓，肩负振兴中华大任，让创新的思想永远翱翔。”

《翱翔》浮雕

五 《何尊》组雕

《何尊》组雕位于长安校区东大门广场，由著名雕塑家贾濯非设计，2008 年 9 月修建完成。

何尊，是西周成王时代宗族中一位何姓人士所做的青铜器，1963 年在陕西宝鸡贾村出土，现藏于宝鸡青铜博物馆。“何尊”雕塑以该国宝为原型，高 9.5 米，青铜材质。何尊是西周青铜礼器，考古专家在清除铜尊的蚀锈时，在铜尊内胆底部发现了一篇 12 行共 122 字的铭文，残损 3 字，现存 119 字。何尊铭文曰：“唯王初壅，宅于成周。复禀（逢）王礼福，自（躬亲）天。在四月丙戌，王诰宗小子于京室，曰：‘昔在尔考公氏，克逨文王，肆文王受兹命。唯武王既克大邑商，则廷告于天，曰：余其宅兹中国，自兹乂民。呜呼！尔有虽小子无识，视于公氏，有勋于天，彻命。敬享哉！’唯王恭德裕天，训我不敏。王咸诰。何赐贝卅朋，用作庾公宝尊彝。唯王五祀。”腹底铭文首现“中国”两字于实物，乃镇国之宝。造型雄奇，凝重华贵；饕餮兽面，纹饰瑰丽；口圆体方，喻天圆地方之包容；斑驳绿锈，藏邃古纪元之神秘。

《何尊》雕塑以西 30 米是《勇士》雕塑。勇士俯首双手横托宝剑，朝东盟誓，身体的大部分埋于黄土之下，寓意扎根祖国西部；低头，寓意对祖国忠诚，默默奉献；手持宝剑，剑者，短兵之祖，寓意国防利器，为祖国国防事业作贡献，也寓意着西工大及其学子为了祖国国防事业，甘愿扎根西部，默默无闻，埋头钻研，赤诚报国，铸民族之魂，育中华栋梁。

悠悠岁月，沧海桑田，现今西工大长安校区，上接三千年文明之渊源，独享大中国肇端之荣耀，物华天宝，地灵人杰，宝器祥瑞，阖校大吉，承脉先祖前贤开创之基，弘扬三航科技文明之光，展现中国名校风采，铸就华夏世纪辉煌。

《何尊》组雕

《何尊》组雕远景

《何尊》组雕全景

电子信息学院

《勇士》雕塑

 《何尊》组雕赋

伟岸何尊，丰镐故乡；
始见“中国”，华韵铿锵。

赤诚勇士，盟誓东方；
亮剑“三航”，振佑家邦。

隽永组雕，人文滋养；
长安胜地，鲲鹏翱翔。

山水校园，云锦天光，
盛世名校，春秋华章！

六　两湖山色

启真湖位于长安校区中部，贯穿整个校园的教学区，北邻翱翔学生中心的银河路，南至启翔楼，与被称为亚洲最大的水上图书馆相互映衬，美轮美奂。

秩秩斯干，幽幽南山，称美天汉，论道长安。位于校园南端秦岭山下的启翔湖，湖光山色，优雅而宁静，鱼翔浅底，鸟飞中天，与启真湖相得益彰，为整个校园增添了钟灵毓秀之气。

《礼记·大学》有云："大学之道，在明明德，在亲民，在止于至善。"启真、启翔两湖及其周边的文化设施充分体现了西工大"以文化人、以文育人"的实践路径，启示着我们努力格物致知，不断求真求善。

启真湖

启真湖风光

启翔湖

启翔湖雪景

启翔湖风光

七　通慧园

通慧园位于长安校区教学西楼北面，主要由 ARJ21 试验机和花园组成。ARJ21 也被称为“阿娇”，是我国进入 21 世纪后由中国商用飞机有限责任公司（COMAC）最新研制的拥有完全自主知识产权并具国际先进水平的支线飞机，是世界上首架完全按照我国自然环境建立设计标准的飞机，在西部航线和西部机场适应性上具有很强的优势。飞机的适应性、舒适性和经济性指标均在支线飞机中居于领先地位。

“阿娇”是 70 ~ 90 座级的中、短航程涡扇支线飞机，采用每排 5 座双圆切面机身、下单翼、高平尾、前三点式可收放起落架、尾吊两台发动

通慧园

机布局。全经济级布局的90座级ARJ21飞机，满客航程为2225千米，最大起飞重量为40 500千克，最高可飞至11 900米，最大航程为3700千米。

中国商用飞机有限责任公司（COMAC）向西工大赠送ARJ21飞机，是对西工大长期为中国航空事业发展所作贡献的肯定。该机的到来不仅具有重要的历史意义，而且将积极推动西工大航空专业学科教学、科研的发展。

建筑
春秋

ARJ21 飞机

校园里的这架中国首款喷气式直线客机是“阿娇”的零号试验机，有超过一半的设计师都来自西工大。每到毕业季，和大飞机一起照张相是同学们的必须选择。这里留下了他们青春的记忆，也将带走母校和校友的祝福，他们将事业书写在祖国的蓝色国土上，去更广阔的天地翱翔。

八　东风广场

东风广场位于长安校区北端，以酒泉卫星发射中心代号“东风”命名，以东风城地图为广场平面。广场东入口处有一个酒泉卫星发射中心捐赠的神舟系列飞船发射架和长征二号捆绑式火箭模型。模型按照实物 10 ∶ 1 比例整体仿真缩小，再现了神舟飞船飞天翱翔的英姿。连同该中心赠送的胡杨树、红柳树和沙漠陨石，一同构成爱国主义教育标志性景观。

东风广场

六大军工图腾柱位于东风广场北端，分别以航空、航天、航海、兵器、核工业、军工电子这六大军工主题命名。

航空柱云纹祥瑞，航天柱火纹奔放，航海柱水纹浩渺，兵器柱和平鸽飞翔。四根立柱依上下方位各包含三个主题。历史和现代主题分别展现不同时期航空、航天、航海、兵器科技领域的人物风采、器物风光及科技探索，未来主题则表达对未来航空、航天、航海、兵器科技发展的美好愿景。核工业和军工电子柱身披中国传统纹样，神采奕奕。成长和发展于现代的

神舟系列飞船发射架和长征二号捆绑式火箭模型

核工业和军工电子分别用两个主题表现。现代主题表现核工业及电子科技发展的辉煌历程和标志性人物事件，未来主题描绘了核工业及电子科技发展的崭新蓝图和军工人不断进取的豪迈气概。

六大军工主题图腾柱体现了西工大的军工特色以及对中国军工科技事业发展做出的巨大贡献。巍巍学府，贡献卓著，感兹念兹，敬仰先贤，激励后学，蔚为国光！

军工柱

附录一

西北工业大学校园形态变迁研究

西北工业大学在发展过程中经历了迁址、合并，校园中深深铭刻着每个时代的印记。西工大的校园形态变迁大体上可划分为西安航空学院时期、西工大友谊校区时期、西工大长安校区时期三个阶段（见附表1-1）。本文将从“构架”“轴线”“核心”“群落”四个维度来研究各时期西工大校园的特征。

本文中，构架是指道路交通系统、校园形态的骨架和基本控制系统。轴线是指决定其内部结构秩序的形式轴和决定校园生长方向的伸展轴。核心是指功能和物质形态环境组织的中心，其不仅在校园形象塑造上具有代表性，也是校园精神构架中象征意义的因素。群落是指具有不同功能内涵和结构模式的建筑群形体组织及其相关要素集合。

（一）西安航空学院时期（1955—1957年）

现西工大友谊校区的校址历史最早可以追溯到1955年。1955年5月，高教部正式决定将位于南京中山门外紫金山下卫岗的华东航空学院迁到西安改为西安航空学院。在学校选址时，根据华航的专业特色，校址确定在当时西安市西南郊邻近机场，距城墙1千米、距市中心2千米的地区。

为使西迁任务顺利完成，学校编制了1955年校园规划，是友谊校区的第一版规划，并依照规划开始了有序的建设，同时它也确定了以后西北工业大学校园形态的雏形。

1. 形态介绍

这个时期校园建设的设计思想主要受苏联教育模式和规划观念的影响，采用苏联大学的设计模式，其主要特点为：功能分区明确，轴线对称式布局，雄伟气派，追求严谨秩序感。

就功能分区而言，该时期的校园内部设施较为完善，为使用、管理上的方便，校区按功能上的不同特点和道路框架进行分区，形成教学实验区（现北苑西南侧）、学生生活区（现北苑东南侧）、体育运动区（现北苑东北侧）和教职工住宅区（现北苑东北侧）。各区之间既联系又分隔，校园在整体上符合高等学校办学规律，在局部上军营特色明显。

校区教学实验区与学生生活区内建筑采取周边式布置形式，其他分区则采取了行列式布置形式，各个分区通过建筑排布形成了较为整齐划一的秩序感。以后该校区的规划基本都在延续与扩充这种布局形态。

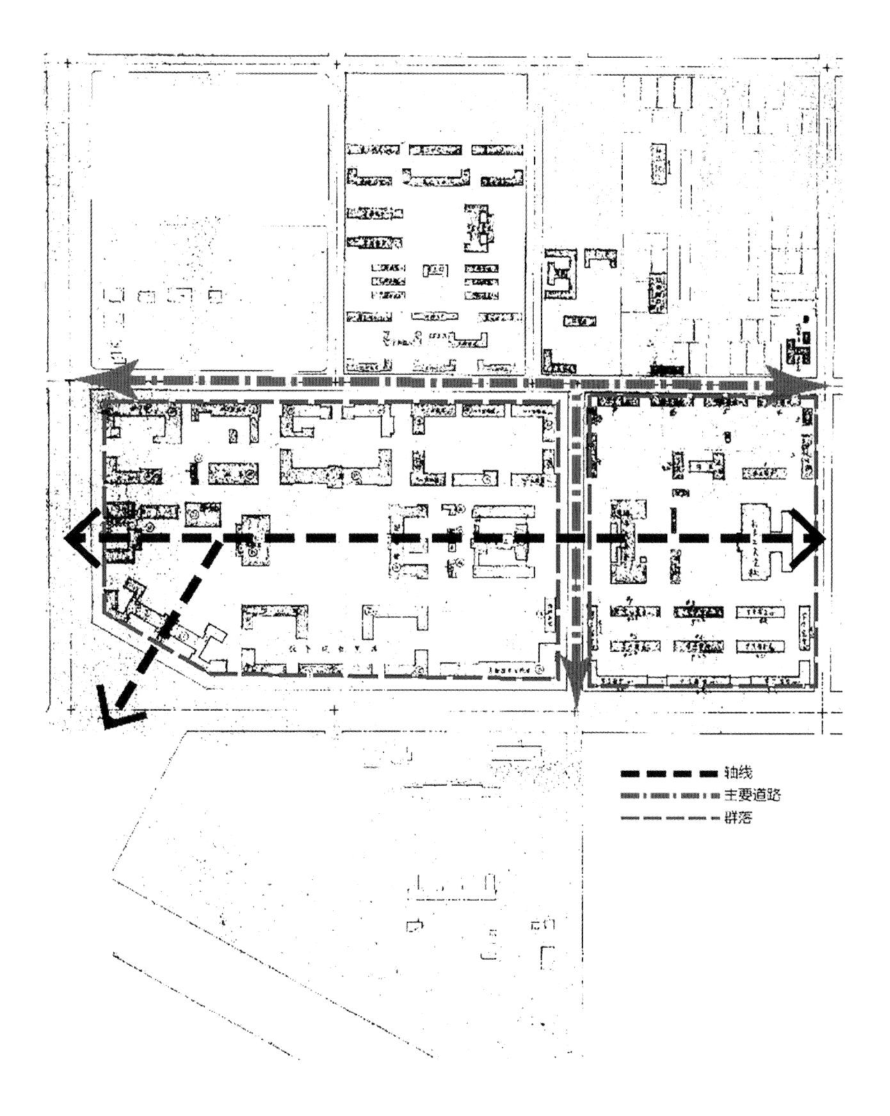

友谊校区第一版规划图

2. 特征分析

西安航空学院校园形态是当时苏联大学的规划模式及军营的建设方式相结合的特殊产物，在当时的众多军工院校校园中具有一定的代表性。

（1）构架。主要道路呈丁字形，并且成为完全脱离建筑的重要形态要素。各建筑群由道路系统分割、限定。

（2）轴线。主轴线穿过 1 号楼向校园西南方向扩张，这一布置手法展现了 1 号楼的雄伟；另一条轴线穿过图书馆、实习工厂和学生食堂，逐步向东西两侧增长。西安航空学院集中展现了轴线对称式的布局，雄伟气派，追求严谨的秩序感。

（3）核心。这一时期校园核心处于教学实验区的两条主轴线上。

（4）群落。群落理念初步得到体现，各个功能区功能单一。

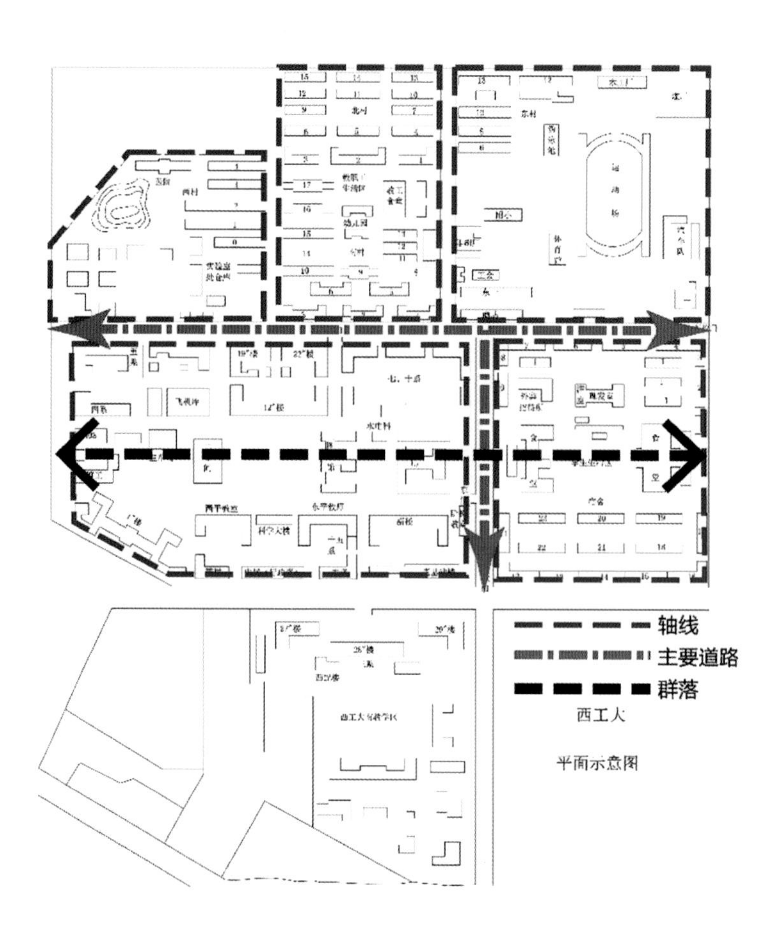

西工大平面示意图

（二）西北工业大学友谊校区时期（1957 年至今）

1957 年 10 月 5 日，西北工学院与西安航空学院合并，正式成立西北工业大学。西北工学院由咸阳迁至西安，在西航原址上共建新校。原校园建设体量无法满足该阶段教学、居住、生活的要求。在 1957 年至 1985 年，西工大校园进入快速建设阶段，北苑校区内部建设逐渐完善，南苑校区逐渐形成了由教学区、附中区和宿舍区组成的校区。

随后，在 1987 年规划、1989 年规划和 1995 年规划中，北苑校区和南苑校区在形态上变化并不大，在这期间最主要的变化是建设了西苑校区。在 1987 年之前，生产实习工厂位于北苑东西向主轴线上。为了减少工厂对校园的影响，在 1987 年规划中，决定将生产实习工厂和无人机研究所生产厂房等单位分期分批迁出，同时在工厂原址建设新图书馆（图书馆东馆）。

1. 形态介绍

这一时期校园对传统的“苏联模式”有了很大突破，校园布局由封闭逐步走向开放，摆脱了苏联大学模式的束缚，布局灵活，空间富于变化。在这几次的规划中，校园环境在一些新建、扩建过程中，突破了单调、呆板的形象，塑造了更加灵活开放的西工大校园环境。保留过去对称式布局，在部分细节处理上注重校园的个性特征，在建筑的布局上加强了各单体的交流与联系，打破了原有的封闭式围墙，校园的空间形态由封闭分散型转向了开放整合型。

2. 特征分析

这一时期军营的模式逐渐退化，但是新建、扩建的建筑仍保持着严肃、庄严的风格。

（1）构架。主要路网结构保持不变；次要道路系统逐渐完善并配合主要道路形成了完整的道路系统，次要道路对各大功能区建筑单体间进一步进行分割、限定。

（2）轴线。东西向主轴线随着校园内建筑建设逐步得到限定和加强，并逐渐衍生出南北向的次要轴线；西南向轴线随着后期规划的不断修改和对苏联大学模式的逐步脱离，只是维持原来的状态。

（3）核心。由于东西向主轴线得到了强化，轴向与主要道路相交部分图书馆区域及桃李园交流区逐渐成为校园的核心区。

（4）群落。各区功能随着建设进行扩充，群落功能趋向混合，群落内部的紧密关系进一步加强，为师生提供了舒适的交往空间。

（三）西北工业大学长安校区时期（2006 年至今）

随着“211 工程”“985 工程”的相继启动，西工大友谊校区 5000 人的建设规模已经远远无法满足 21 世纪初 20 000 多名在校生的教学、生活要求。为了解决扩招与友谊校区校园建设不足的矛盾，2002 年起西工大开始筹建长安校区。随着长安校区于 2006 年开始投入使用，西工大也进入了建设发展的新时期。

1. 形态介绍

西工大长安校区在建设规划之初，就提出了建设“山水园林式校园”的建设理念，并准备将长安校区建设成为集教学、科研、管理、生活、运动、休闲等于一体，充分体现现代化、多功能、环保等特点的大型校区。长安校区的整体结构为“一带一环一心两轴十片区”。

2. 特征分析

长安校区建设上集中体现“山水园林式校园”的设计理念。

（1）构架。长安校区以贯穿南北的生态绿化带和矩形林荫环路为架构，其他道路配合该架构对整个校区的十个片区进行连接、划分和限定。

（2）轴线。主要为南北、东西两条轴线，南北轴线沿生态带依次将行

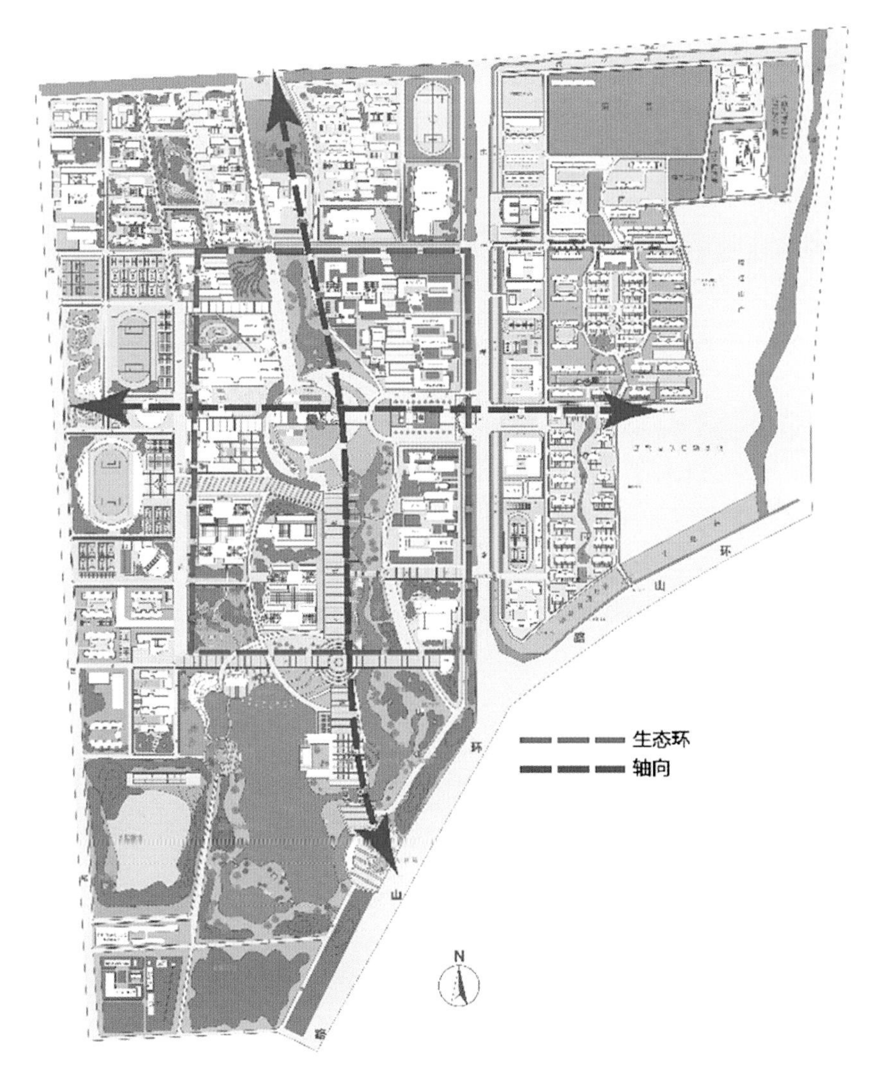

长安校区规划图

政区文化广场、启翔湖、图书馆、启真湖、北校门东风广场串联起来，山水相映，移步换景。东西轴线将教工生活区主入口广场、东校门校前区广场、图书馆、运动区串联起来，严谨工整，主次有别。

（3）核心。图书馆及其附属场地处在南北轴线与东西轴线相交汇处，是整个校区的核心区。

（4）群落。长安校区功能分区明确。各群落与城市及环境关系良好，充分利用了地形、地貌和环境景观，与区域环境融为一体；教学区与三个学生生活区、两个运动区之间均呈三足鼎立之势，校内交通方便、快捷，真正体现了“以人为本”的规划设计原则；中心开花，南北延伸，构成分期建设、持续发展的合理格局；各功能分区内均留有余地，使今后发展更具弹性。

（四）西北工业大学校园形态变迁总结

西北工业大学作为一所老牌国防大学，铭刻着时代的烙印，传承着历史的精神，承载着未来的理想。校园不仅是学生和教职工们学习、生活、工作的地方，它更是校园精神、校园文化的重要载体，她使一代代西工大人牢记“为党育人、为国育才”使命，扎根中国大地，心怀“国之大者”，以更加开阔的视野、更加昂扬的姿态、更加开放的胸怀、更加扎实的工作，加快建设中国特色世界一流大学，为实现中华民族伟大复兴和人类文明进步做出更大贡献！

附表 1-1　西北工业大学校园建设阶段表

时 期	时 间	理 念
西安航空学院时期	1955—1957 年	苏联大学模式、军营模式
西北工业大学友谊校区时期	1957 年至今	逐渐开放，建设都市花园型校园
西北工业大学长安校区时期	2006 年至今	山水园林式校园

附录二

西北工业大学友谊校区各时期总平面图

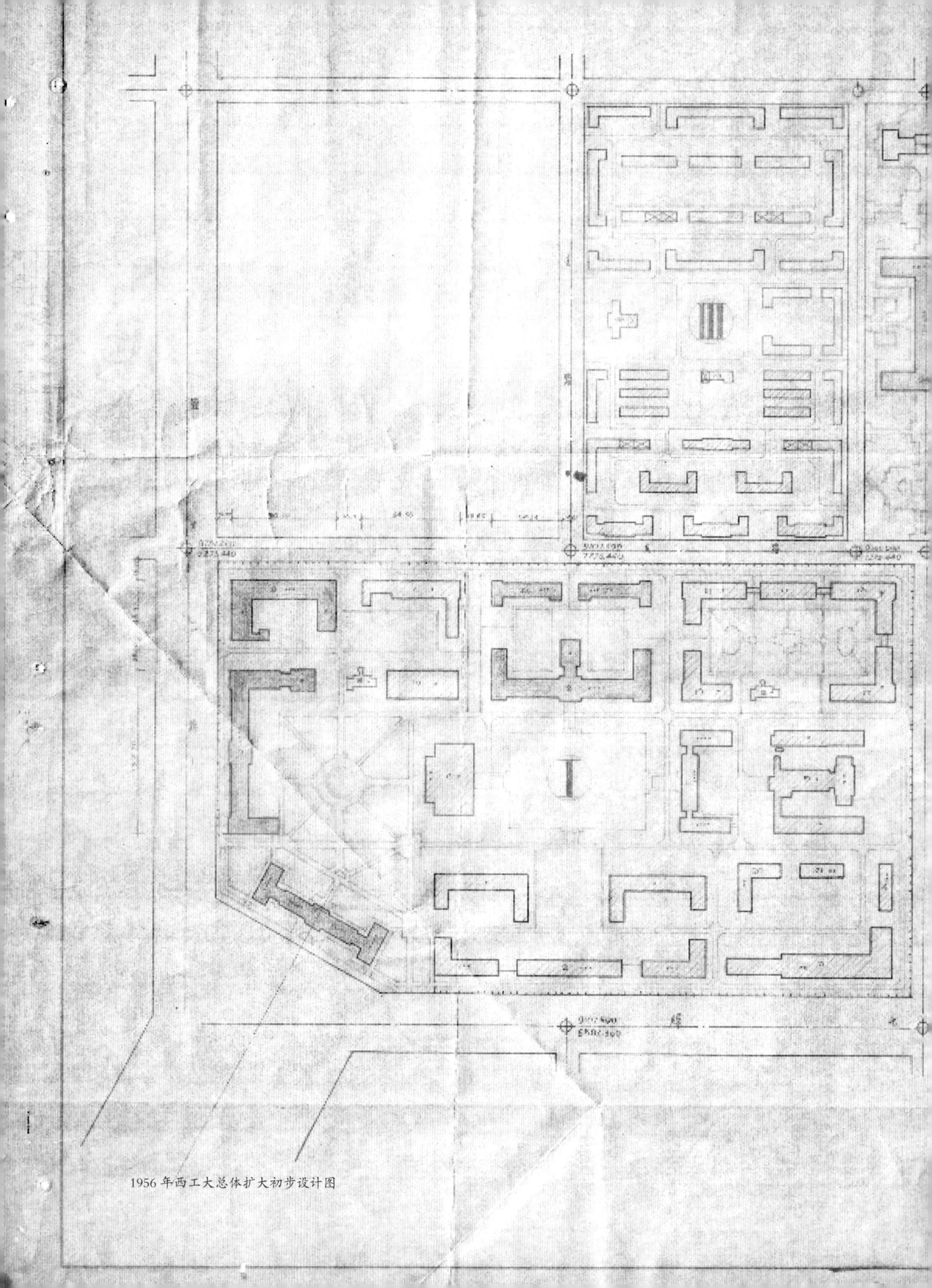

1956年西工大总体扩大初步设计图

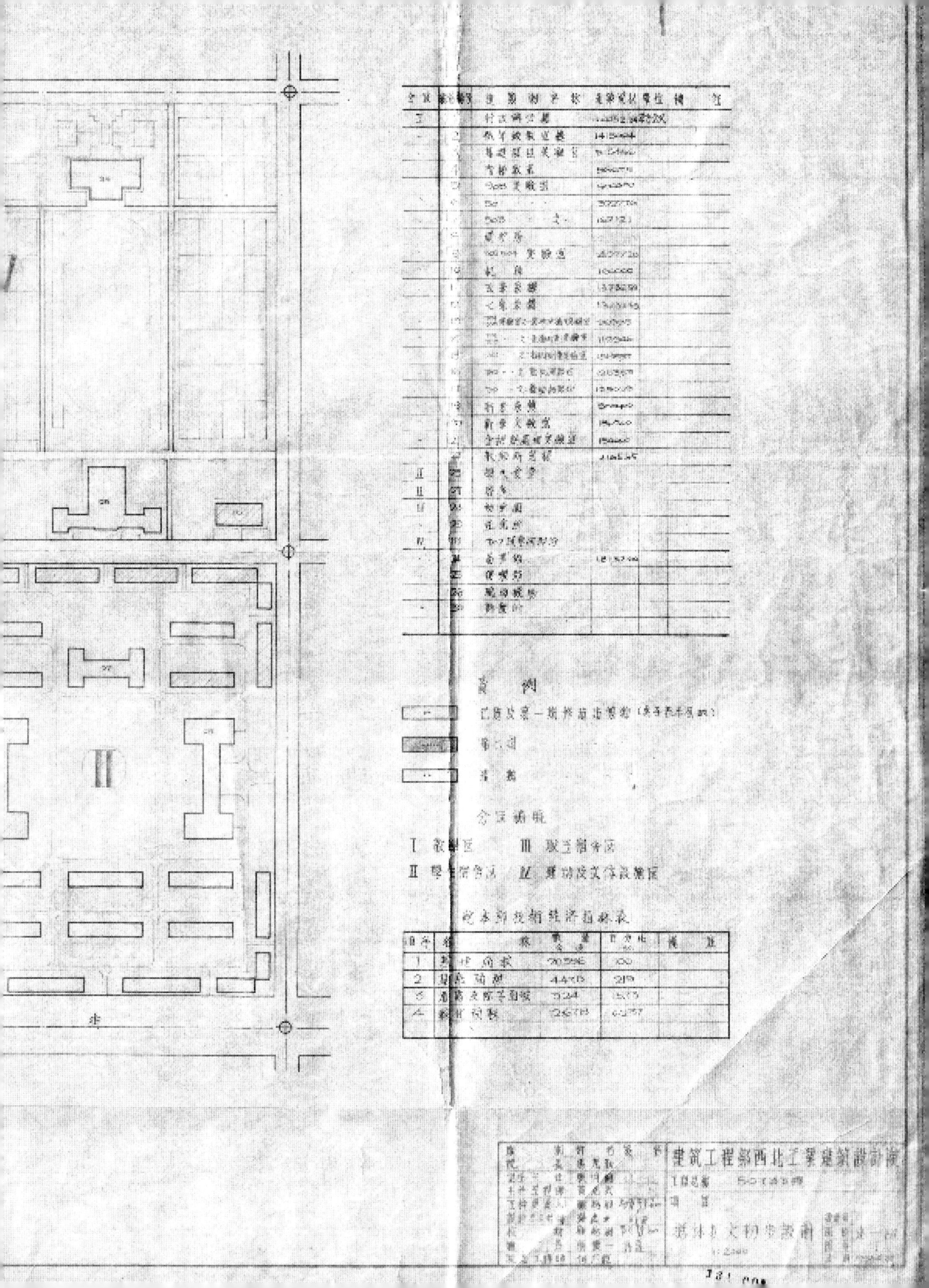

图 例
分区说明
建筑工程部西北工业建筑设计院

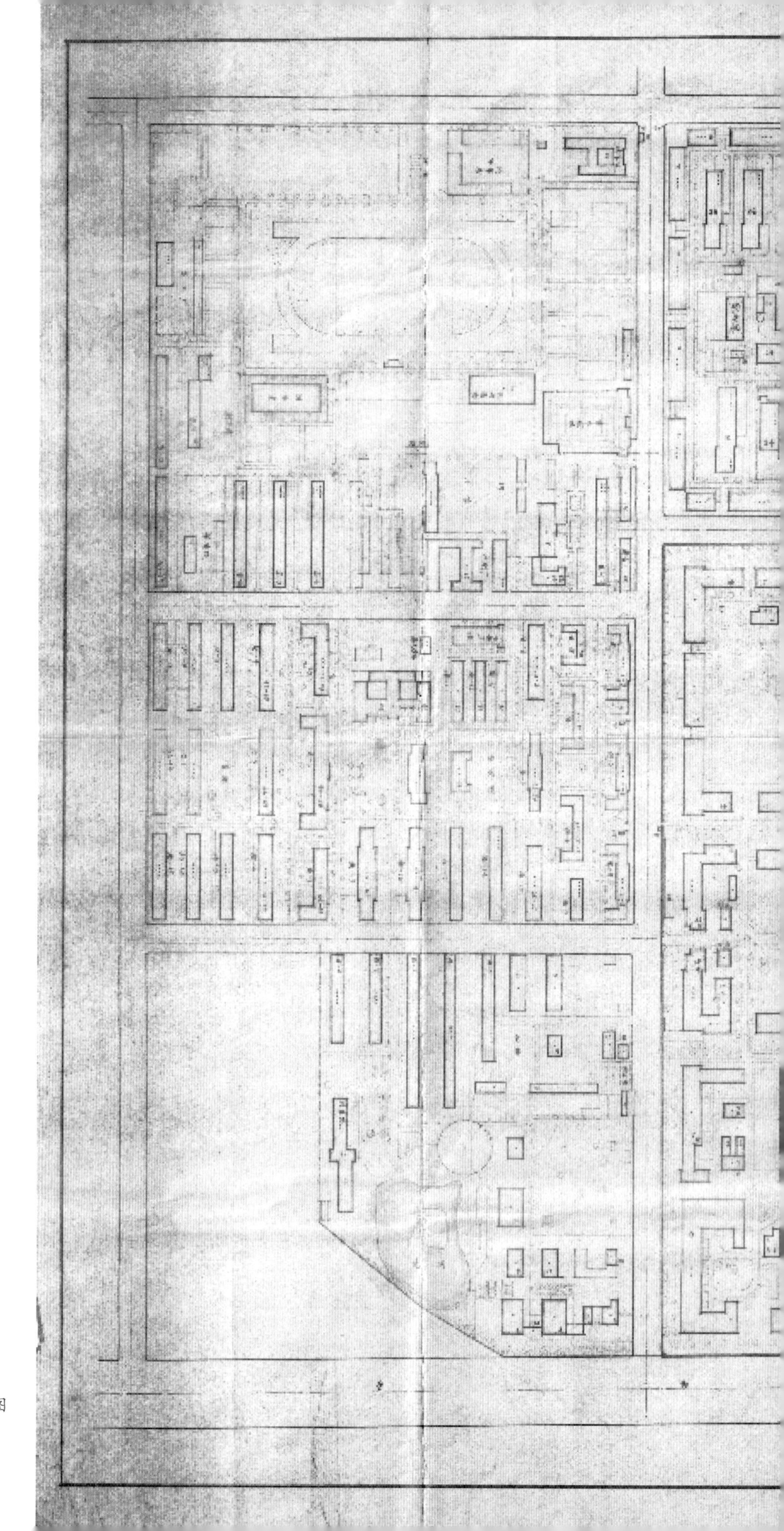

1985 年 6 月西工大总平面图

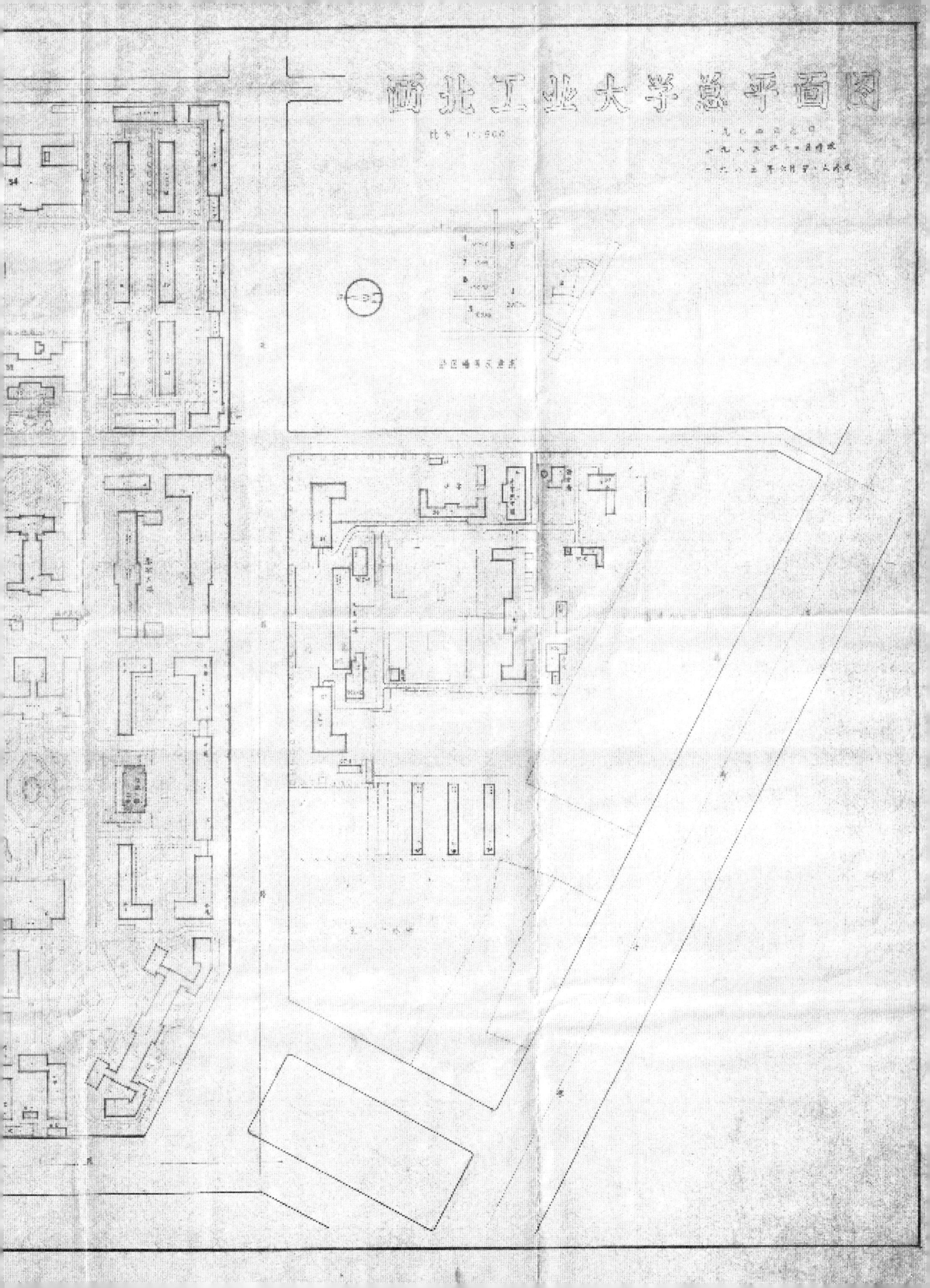
西北工业大学总平面图

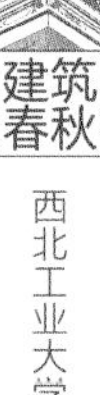

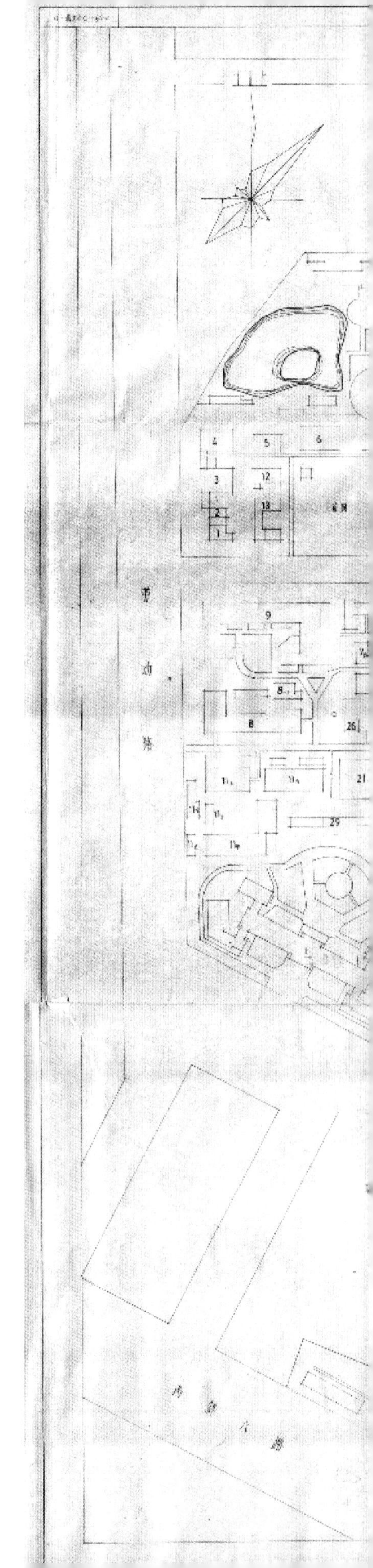

1987年12月西工大
平面布置图

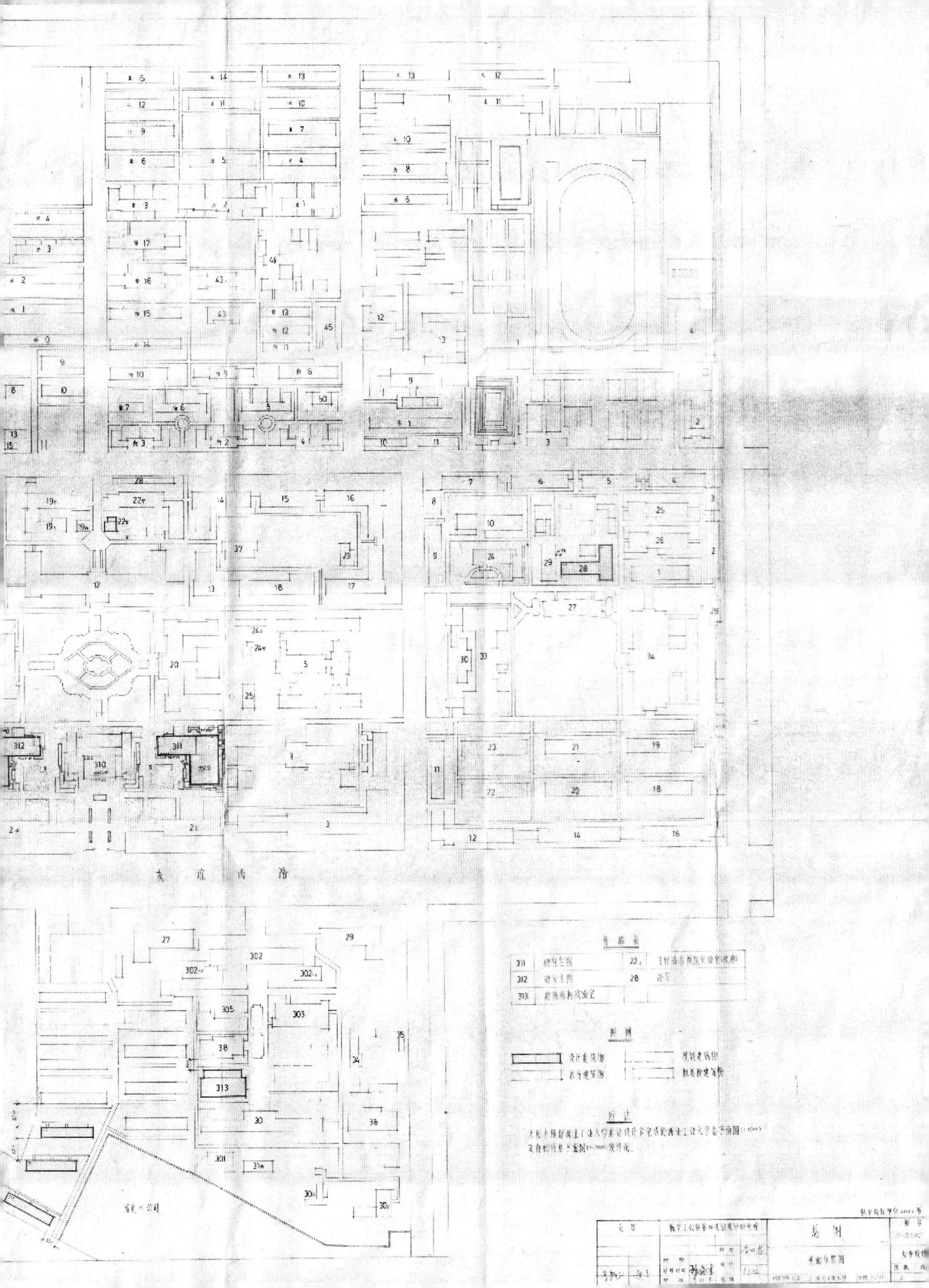

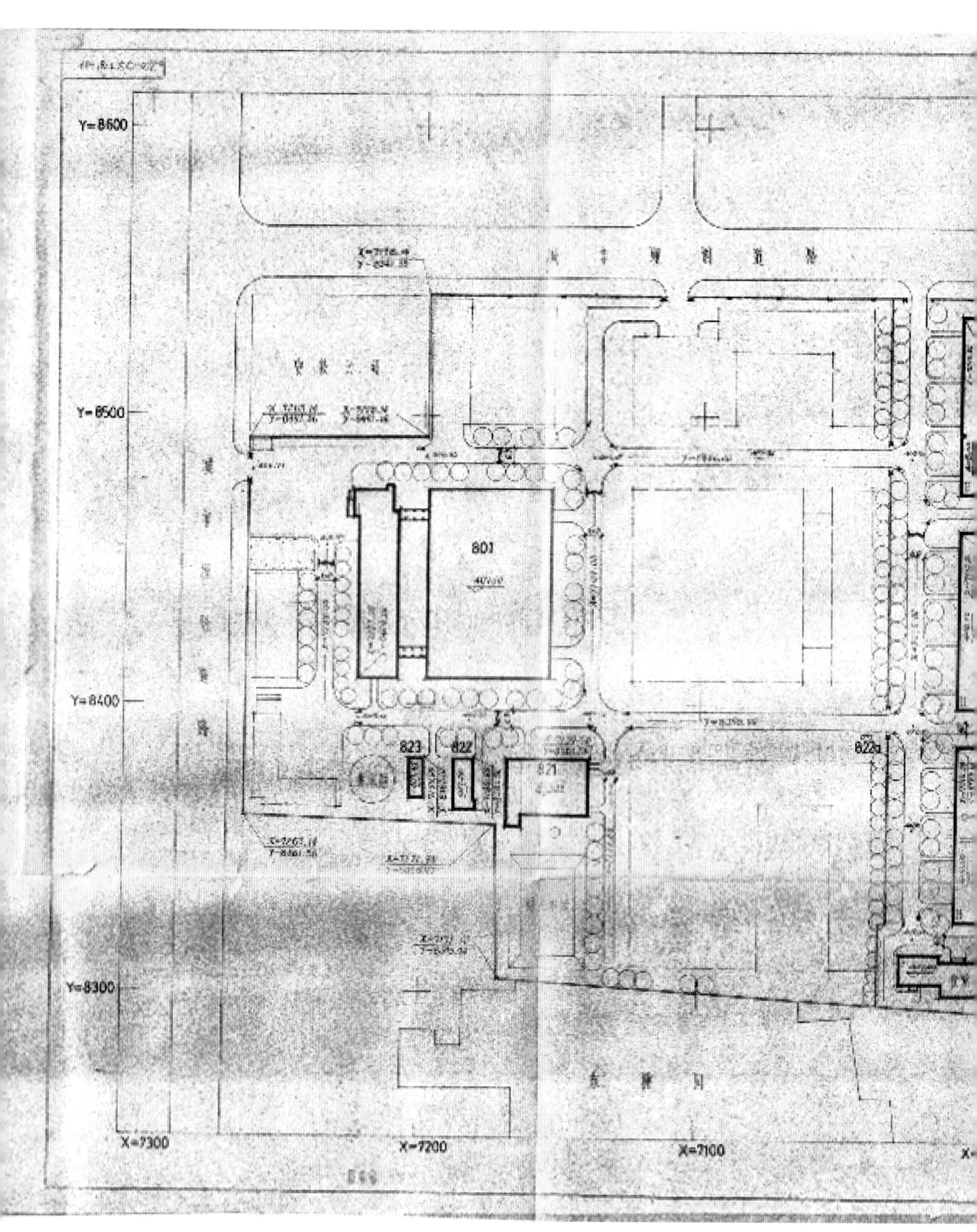

1987 年 12 月西工大新区平面布置图

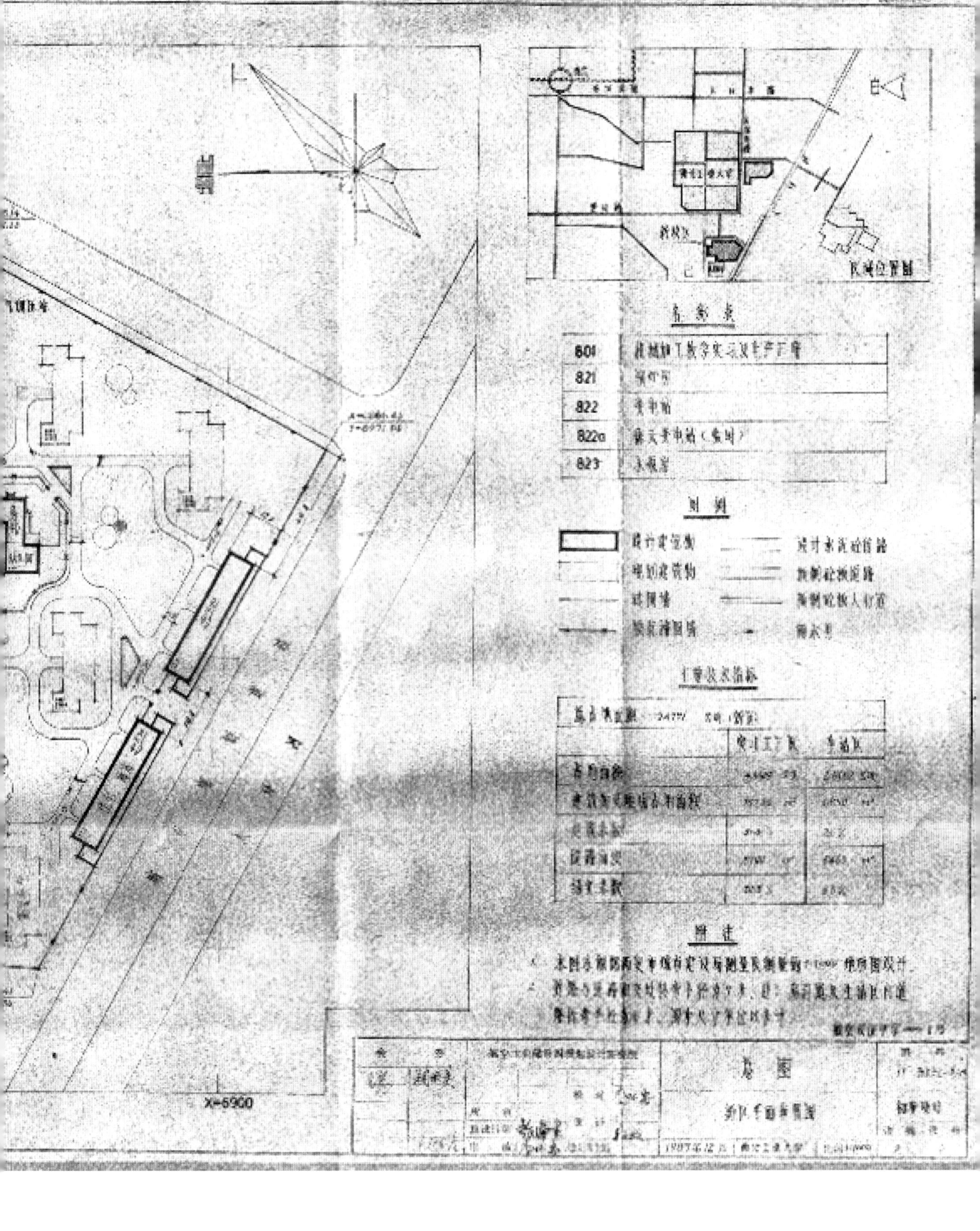

1989年12月西工大总平面图

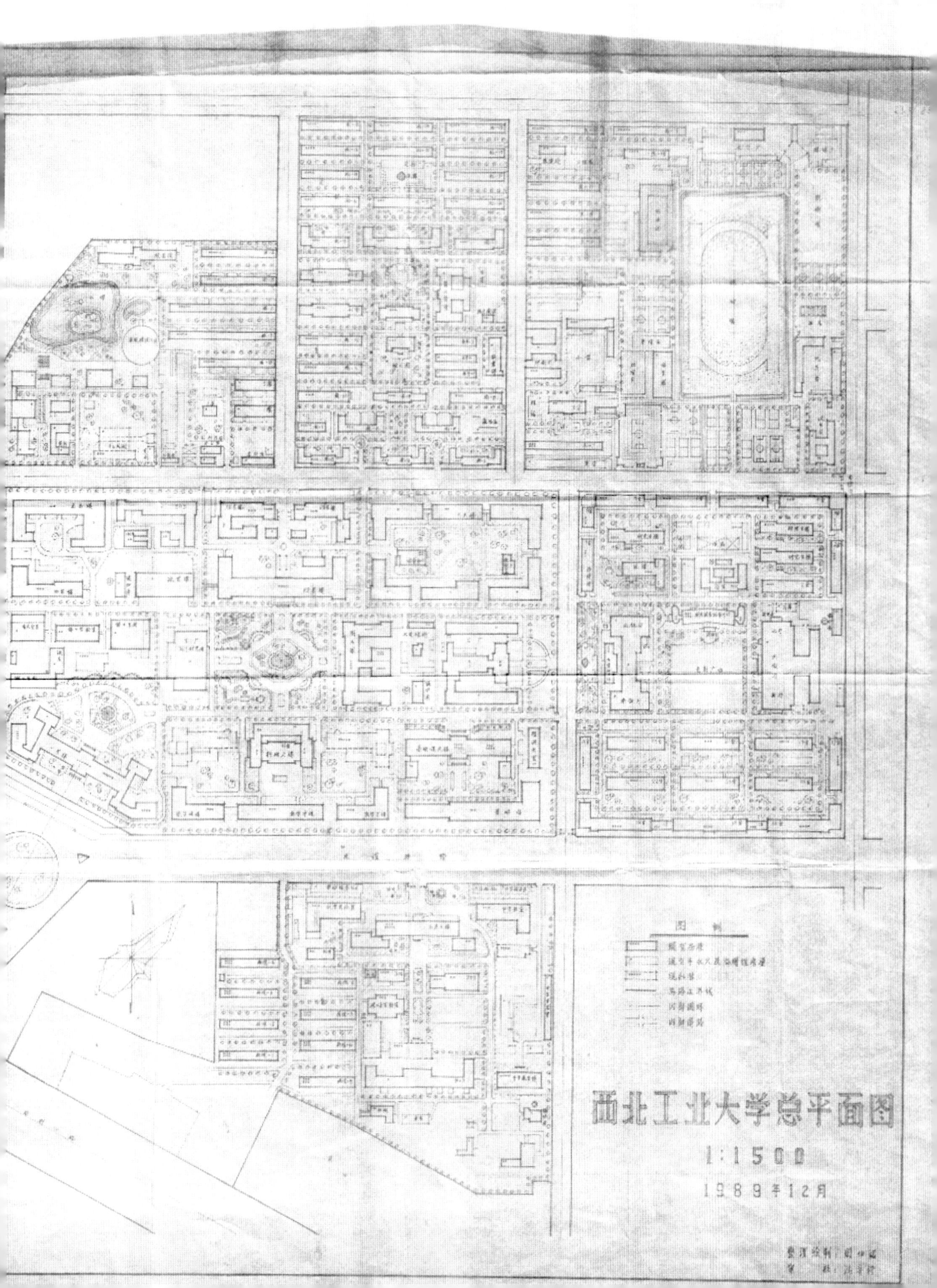
图 例
西北工业大学总平面图
1:1500
1989年12月

1997年10月西工大北院、南院总平面图

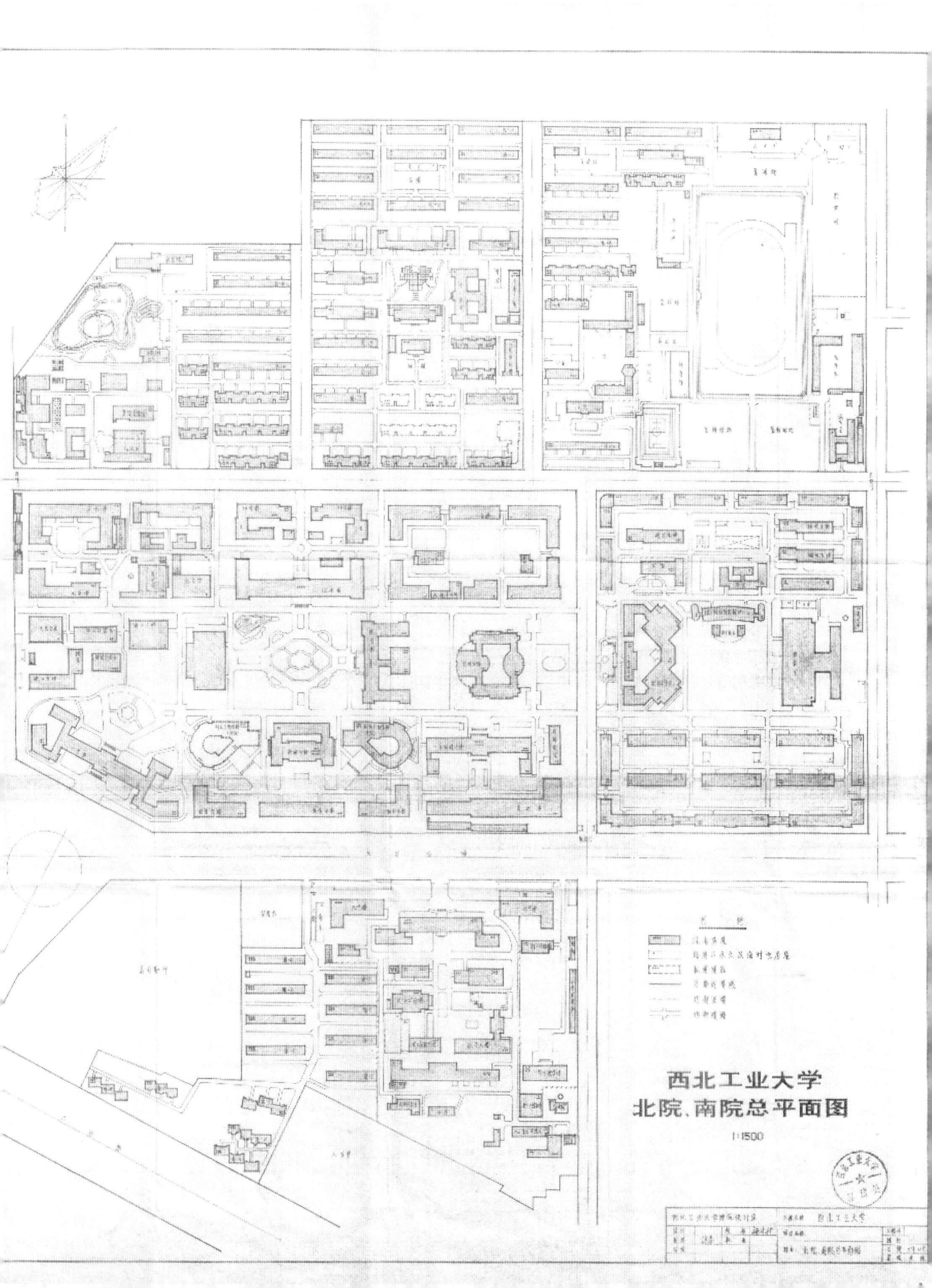
西北工业大学
北院、南院总平面图
1:1500

参考文献

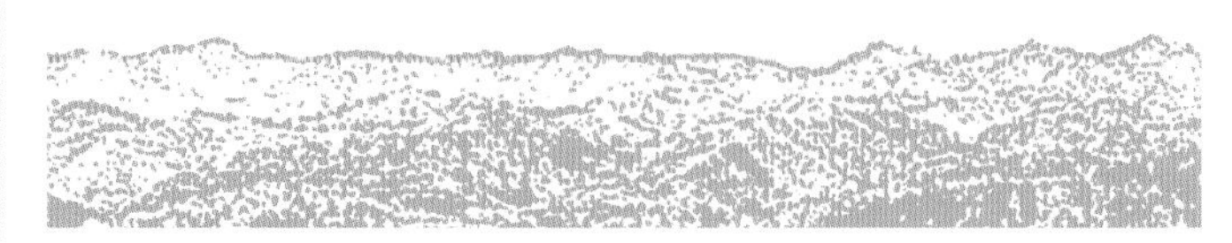

[1] 图说校史：西北工业大学（1938—2014）. 西安：西北工业大学档案馆、校史馆，2014.

[2] 西北工业大学发展概要（1938—2002）. 西安：西北工业大学出版社，2003.

[3] 西北工业大学大事记（2001—2010）. 西安：西北工业大学档案馆、校史馆，2015.

[4] 陈小筑，汪劲松 . 华航西迁：新中国航空教育的基石 . 西安：西北工业大学出版社，2016.

[5] 西北工业大学老照片：一 . 西安：西北工业大学档案馆、校史馆 .

[6] 西北工业大学改扩建工程：初步设计第一册（共五册）. 航空工业部第四规划设计研究院 .

[7] 西北工学院大事记（1938—1957）. 西安：西北工业大学档案馆、校史馆，2015.

[8] 西北工业大学大事记（1986—2000）. 西安：西北工业大学档案馆、校史馆，2013.

[9] 西北工业大学党委宣传部 . 难忘的岁月：华东航空学院西迁 50 周年纪念文集 . 西安：西北工业大学出版社，2006.

[10] 叶金福，姜澄宇 . 西北工业大学七十周年校庆文集　大学文化：三航之魂 . 西安：西北工业大学出版社，2008.

[11] 陈小筑，汪劲松 . 西工大故事：二 . 西安：西北工业大学出版社，2015.

[12] 西北工业大学校友会，档案馆，离退休工作处 . 年轮撷痕：第一辑 . 西安：西北工业大学，2015.

[13]中国教育报刊社.漫游中国大学: 西北工业大学.重庆: 重庆大学出版社, 2007.

[14]西北建筑设计院.西北工业大学新校区总体规划建设方案, 2004.

[15]方可,张雅红,王小锡.文化型特色校园景观设计的理念: 以西北工业大学长安校区设计为例.苏州工艺美术职业技术学院学报, 2015, 49(2):26-29.

[16]陶秉礼.西北工业大学校史(1938—1985).西安: 西北工业大学出版社, 1995.